U0158089

粤港澳大湾区
洪潮涝灾害与防御策略

陈文龙　徐宗学　刘培　杨跃　等◎编著

珠江水利委员会珠江水利科学研究院
北京师范大学水科学研究院

河海大学出版社
HOHAI UNIVERSITY PRESS
·南京·

内容提要

本书立足流域系统整体观,系统研判了大湾区的防灾减灾新形势,梳理总结了珠江水利科学研究院多年来在洪涝灾害防御领域,尤其是在珠江流域和大湾区的治理实践经验,针对性地提出了大湾区洪、潮、涝的宏观防御策略。在城市洪涝灾害防御方面,本书针对传统城市洪涝治理洪、涝孤立考虑的弊端,凝练总结并创新性地提出"洪涝同源,同一片流域,同一片天"的流域系统整体观,以及城市洪涝治理必须以流域为单元,城市海绵、小排水系统和大排水系统整体设防的治理理念,对我国新时期的城市洪涝治理具有积极的指导意义。

图书在版编目(CIP)数据

粤港澳大湾区洪潮涝灾害与防御策略 / 陈文龙等编
著. -- 南京 : 河海大学出版社,2020.12
ISBN 978-7-5630-6613-1

Ⅰ. ①粤… Ⅱ. ①陈… Ⅲ. ①城市群-水灾-防治-
广东、香港、澳门 Ⅳ. ①P426.616

中国版本图书馆 CIP 数据核字(2020)第 249210 号

书　　名	**粤港澳大湾区洪潮涝灾害与防御策略**
	YUEGANG'AO DAWANQU HONG CHAO LAO ZAIHAI YU FANGYU CELÜE
书　　号	ISBN 978-7-5630-6613-1
责任编辑	金　怡
责任校对	张心怡
装帧设计	徐娟娟
出版发行	河海大学出版社
地　　址	南京市西康路 1 号(邮编:210098)
电　　话	(025)83737852(总编室)　(025)83787103(编辑室)　(025)83722833(营销部)
经　　销	江苏省新华发行集团有限公司
排　　版	南京布克文化发展有限公司
印　　刷	广东虎彩云印刷有限公司
开　　本	787 毫米×1092 毫米　1/16
印　　张	10.5
字　　数	259 千字
版　　次	2020 年 12 月第 1 版
印　　次	2020 年 12 月第 1 次印刷
定　　价	158.00 元

编　委　会

主　　编：陈文龙　徐宗学

副 主 编：刘　培　杨　跃　何颖清

参编人员：黄鹏飞　许　伟　陈睿智　魏乾坤

　　　　　宋利祥　邓月运　陈伟昌　闫军波

　　　　　安　雪　潘璀林　林中源　邹华志

序　言

　　粤港澳大湾区是我国开放程度最高、经济活力最强的区域之一,在国家发展大局中具有重要战略地位。

　　大湾区地处珠江流域下游,直面南海,属亚热带海洋季风气候,降雨丰沛且集中。西江、北江、东江三江汇入珠江三角洲,由虎门、磨刀门等八大口门出海,呈现"三江汇流、八口出海"之势。大湾区地势北高南低,西部、北部和东部丘陵山地环绕,中部、南部以冲积平原为主,呈相对闭合的"三面环山、一面临海"的独特地形地貌。独特的自然地理和气候条件,使得大湾区面临珠江流域洪水、南海台风风暴潮与城市暴雨洪涝等水灾威胁。流域洪水频发,近30年来大湾区发生了"94·6""98·6""05·6"和"08·6"4场特大洪水。近年来强台风频次呈增加趋势,大湾区极易受到热带气旋侵袭,年均遭受热带气旋1.5个,接连遭受2008年"黑格比"、2017年"天鸽"、2018年"山竹"等强台风,共造成38人死亡,直接损失700亿元。城市洪涝问题日益突出,亚热带海洋季风气候与高度城市化"热岛效应""雨岛效应"叠加,使得大湾区降雨具有强度大、时间集中、发生频率高的特点。2017年以来,广州连续遭受了2017年"5·7"、2018年"6·8"、2019年"6·13"、2020年"5·22"和"6·7"5场特大暴雨,造成较大的经济损失和人员伤亡。

　　经过多年的水利建设,大湾区堤库结合的防洪工程体系和截蓄排渗相结合的治涝工程体系基本形成。然而,人类活动对大湾区的防洪形势产生了重大影响,如流域上游堤防建设引起洪水归槽,网河区河床大规模不均衡下切导致洪水位普遍下降,节点分配比变化等原因造成网河区腹部局部异常壅高,城市化快速推进导致城市下垫面变化加剧城市内涝。全球气候变化带来的海平面上升、短历时强降雨、台风风暴潮等极端天气的增加,又给大湾区的防洪减灾带了更大压力。同时,防洪安全是大湾区高质量发展的基本保障,大湾区国家战略建设对大湾区的防洪安全提出了新的更高要求。

　　大湾区防洪(潮、涝)安全问题复杂,既有区域问题又有流域问题,既受气候变化影响又受人类活动干扰,多要素相互交织叠加、相互影响。面对新形势和新要求,大湾区防洪减灾需要新理念、新思路。本书立足流域系统整体观,系统研判了大湾区的防灾减灾新形势,梳理总结了珠江水利科学研究院多年来在洪涝灾害防御领域,尤其是在珠江流域和河口地区的治理实践经验,针对性地提出了大湾区洪、潮、涝的宏观防御策略。在城市洪涝灾害防御方面,本书在广州市2020年"5·22"特大暴雨洪涝成因分析和深圳市、广州市防洪排涝规划的基础上,针对传统洪涝治理洪、涝孤立考虑的弊端,创新性地提出"洪涝同源,同一片流域,同一片天"的流域系统整体观,以及城市洪涝治理必须以流域为单元,城市海绵、小排水系统和大排水系统整体设防的治理理念,对我国新时期的城市洪涝治理具有积极的指导意义。

本书共分为6章。第1章大湾区基本情况,主要由刘培编写;第2章大湾区流域性洪水防御策略,主要由陈文龙、刘培、许伟编写;第3章大湾区风暴潮灾害及防潮策略,主要由何颖清、黄鹏飞、陈睿智编写;第4章大湾区城市洪涝灾害成因与防御策略,主要由陈文龙、徐宗学、刘培编写;第5章基于流域系统整体观的城市洪涝模拟,主要由陈文龙、徐宗学、宋利祥编写;第6章城市洪涝灾害监测预报预警,主要由杨跃编写。全书由刘培统稿,陈文龙定稿。

限于作者水平,本书疏漏之处在所难免,衷心欢迎读者批评指正。

作　者
2020 年 10 月于广州

目　录

CONTENTS

第一章

大湾区基本情况

粤港澳大湾区包括广东省广州、深圳、珠海、佛山、惠州、东莞、中山、江门、肇庆九市及香港特别行政区、澳门特别行政区,是我国开放程度最高、经济活力最强的区域之一,在国家发展规划大局中具有重要战略地位。粤港澳大湾区位于珠江流域下游,东、西、北三面环山,南面南海,独特的自然地理和气候条件,使得大湾区面临上游珠江流域洪水、南海台风风暴潮与城市暴雨洪涝等水灾威胁。

1.1 基本情况

粤港澳大湾区(英文名 Guangdong-Hong Kong-Macao Greater Bay Area,缩写 GBA)由广东省广州、深圳等九市和香港、澳门组成(图 1-1)。其中香港与澳门同为中华人民共和国特别行政区,广州是广东省省会、副省级市、国家中心城市,深圳为副省级市、计划单列市、经济特区,珠海为经济特区。粤港澳大湾区总面积 5.6 万 km^2,2018 年末总人口超过7 000万人,地区生产总值 10.9 万亿元人民币。粤港澳大湾区以不到中国 0.6% 的国土面积吸纳了全国约 5% 的人口,创造了全国 12% 的 GDP,堪称"中国第一湾"。粤港澳大湾区与美国纽约湾区、美国旧金山湾区、日本东京湾区并称全球四大湾区。

2019 年 2 月,《粤港澳大湾区发展规划纲要》印发,真正把珠三角九市与港澳紧紧联系在一起"拼船出海"。中央对粤港澳大湾区的战略定位有五个:一是充满活力的世界级城市群;二是具有全球影响力的国际科技创新中心;三是"一带一路"建设的重要支撑;四是内地与港澳深度合作示范区;五是宜居宜业宜游的优质生活圈。

香港、澳门、广州、深圳为粤港澳大湾区四大中心城市,它们发挥了辐射带动周边地区的引擎作用(图 1-2)。同时,它们在功能定位上又各有分工、各有侧重:香港,强调要巩固和提升国际金融、航运、贸易中心和国际航空枢纽地位,强化全球离岸人民币业务枢纽地位、国际资产管理中心及风险管理中心功能,推动金融、商贸、物流、专业服务等向高端高增值方向发展,大力发展创新及科技事业,培育新兴产业,建设亚太区国际法律及争议解决服务

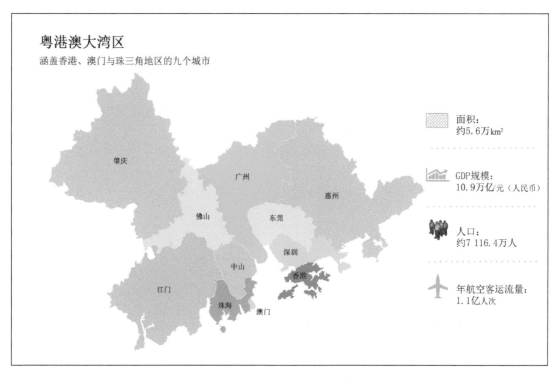

图 1-1　粤港澳大湾区城市分布示意图

（a）香港

（b）澳门

（c）广州

（d）深圳

图 1-2　粤港澳大湾区四大中心城市

中心,打造更具竞争力的国际大都会;澳门,强调要建设世界旅游休闲中心、中国与葡语国家商贸合作服务平台,促进经济适度多元发展,打造以中华文化为主流、多元文化共存的交流合作基地;广州,强调要充分发挥国家中心城市和综合性门户城市引领作用,全面增强国际商贸中心、综合交通枢纽功能,培育提升科技教育文化中心功能,着力建设国际大都市;深圳,强调要发挥作为经济特区、全国性经济中心城市和国家创新型城市的引领作用,加快建成现代化国际化城市,努力成为具有世界影响力的创新创意之都。

1.2　河流水系

粤港澳大湾区地处珠江流域下游,位置如图 1-3 所示。珠江是我国七大江河之一,由西江、北江、东江及珠江三角洲诸河组成。流域位于东经 $102°14'\sim115°53'$、北纬 $21°31'\sim26°49'$ 之间,水系流经滇、黔、桂、粤、湘、赣 6 省(自治区)和越南东北部,涉及香港特别行政区西部和澳门特别行政区,流域总面积 453 690 km^2。粤港澳大湾区水系由西江下游肇庆段、北江下游佛山段、东江下游惠州和东莞段以及珠江三角洲诸河、珠江河口五部分组成(图 1-4)。

(1)西江。西江是珠江的主要水系,位于东经 $102°14'\sim114°50'$、北纬 $21°31'\sim26°49'$ 之间,发源于云南省曲靖市乌蒙山余脉马雄山东麓,自西向东流经云南、贵州、广西、广东四省(自治区),至广东省三水区思贤滘西滘口,全长 2 075 km,平均坡降 0.58‰,集水面积 353 120 km^2。西江水系支流众多,集水面积大于 10 000 km^2 的一级支流有北盘江、柳江、郁江、桂江及贺江等。

(2)北江。北江是珠江流域的第二大水系,位于东经 $111°55'\sim114°50'$、北纬 $23°10'\sim25°31'$ 之间,主流浈水发源于江西省信丰县石碣大茅坑。北江水系涉及湖南、江西、广东三省,干流在思贤滘与西江沟通后进入珠江三角洲,全长 468 km,平均坡降 0.26‰,集水面积 46 710 km^2,较大支流有武水、连江、滃江、潖江、滨江和绥江等。

(3)东江。东江是珠江流域的第三大水系,位于东经 $113°52'\sim115°53'$、北纬 $22°33'\sim25°14'$ 之间,主流发源于江西省寻乌县的桠髻钵,由北向南流至广东省东莞市石龙镇进入珠江三角洲,干流全长 520 km,平均坡降 0.39‰,集水面积 27 040 km^2,较大支流有安远水、新丰江、西枝江等。

(4)珠江三角洲诸河。珠江三角洲诸河包括珠江三角洲河网及注入三角洲河网的潭江、高明河、沙坪河、流溪河、增江、茅洲河及深圳河等中、小河流。珠江三角洲河网区河道纵横交错,其中西、北江水道互相贯通,形成西北江三角洲,而东江三角洲基本上自成一体。珠江三角洲水系发达,河涌交错,各类河涌 1.2 万多条,总长 3 万多 km,河网密度高达 0.72 km/km^2,为全国平均水平的近 5 倍,如图 1-5 所示。

西江主干流从思贤滘西滘口起至珠海市洪湾企人石入南海,全长 139 km,共分三段,上段西滘口—天河,称西江干流水道;中段天河—百顷头,称西海水道;下段百顷头—企人石,称磨刀门水道。主流向东在甘竹滩附近通过甘竹溪与顺德水道贯通,在天河附近分出东海水道并通过容桂水道和小榄水道分别流向洪奇门和横门出海。主流向西南沿程分出江门水道、荷麻溪、劳劳溪、螺洲溪等,并分别经银洲湖、虎跳门水道、鸡啼门水道出海。

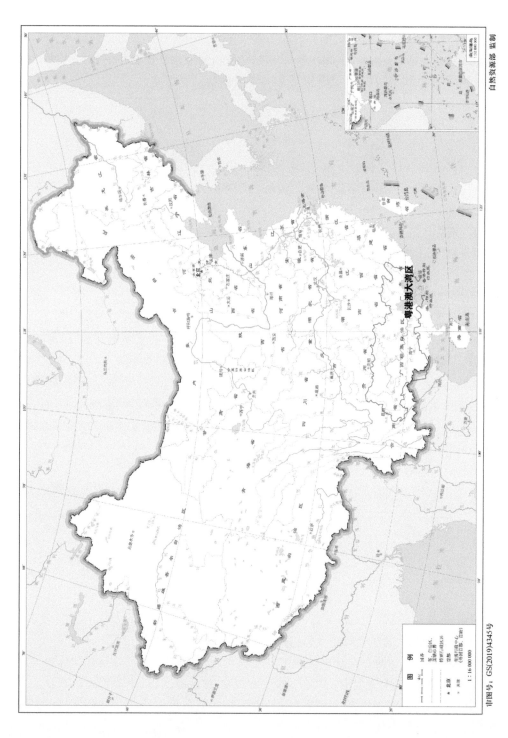

图 1-3 粤港澳大湾区地理位置图

审图号: GS(2019)4345号

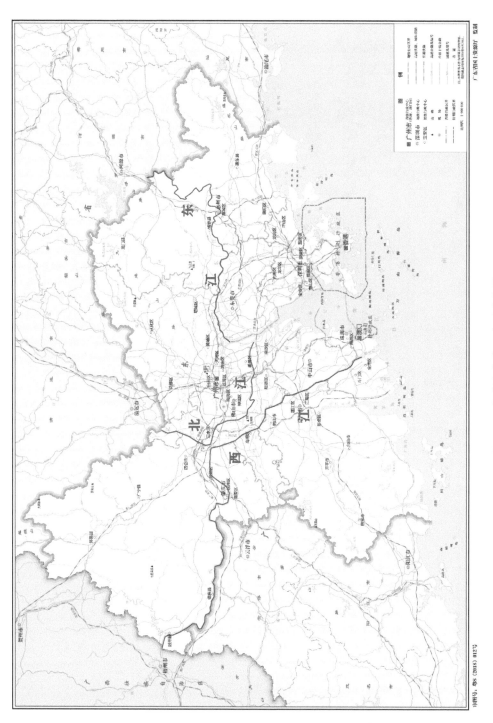

图1-4　粤港澳大湾区水系分布图

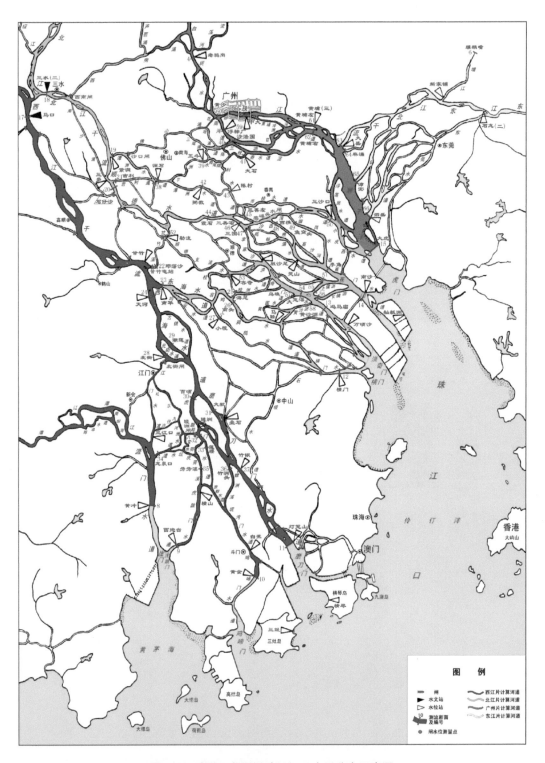

图 1-5 珠江三角洲及珠江河口水系分布示意图

北江主干流自思贤滘北滘口至番禺小虎山淹尾入狮子洋经虎门出海,全长 105 km,共分三段,上段至南海紫洞,称北江干流水道;中段自紫洞至顺德张松上河,称顺德水道;下段从张松上河至小虎山淹尾,称沙湾水道。北江主流分汊很多:在三水区西南分出西南涌与芦苞涌;在南海紫洞向东分出潭洲水道,并沿程又分出佛山水道、平洲水道;在顺德勒流分出顺德支流水道;顺德水道下段和沙湾水道沿程向南分出李家沙水道、榄核涌、西樵水道、骝岗涌等,分别经蕉门水道和洪奇门水道出海。

东江流至石龙以下分为两支,主流东江北干流经石龙北向西流至新家埔接纳增江,至白鹤洲转向西南,最后在增城禺东联围流入狮子洋,全长 42 km;另一支为东江南支流,从石龙以南向西南流经石碣、东莞,在大王洲接东莞水道,最后在东莞洲仔围流入狮子洋。

(5)珠江河口。珠江三角洲河网经八大口门入海,东面四口门自东向西是虎门、蕉门、洪奇门和横门,共同注入伶仃洋;西四口门自东向西为磨刀门、鸡啼门、虎跳门和崖门,其中磨刀门直接入注南海,鸡啼门注入三灶岛与高栏岛之间的水域,虎跳门和崖门注入黄茅海河口湾。伶仃洋位于珠江口东部,为一喇叭形河口湾,北起虎门,口宽约 4 km,南达香港、澳门,宽约 65 km,水域面积约 2 100 km²。黄茅海位于珠江口西部,北起崖门,南至南水岛、大芒岛、大襟岛一线,水域面积约 409 km²。珠江河口分布有内伶仃岛、荷苞岛、大襟岛、赤溪半岛、外伶仃岛、横岗岛、万山岛、小襟岛等众多岛屿,如图 1-5 所示。

1.3　气象水文

粤港澳大湾区属于湿热多雨的热带、亚热带气候区,具有光照充足,终年高温,降水丰沛,夏季长、霜期短等气候特征。同时,大湾区地处珠江流域下游,面临南海,汛期时常遭遇流域型洪水及台风暴潮等极端天气影响。

(1)流域洪水。珠江流域暴雨频繁,流域洪水的出现时间与暴雨一致,多集中在 4—10 月,前汛期(4—7 月)暴雨多为锋面雨,洪水峰高、量大、历时长,流域型洪水及洪水灾害一般发生在前汛期;后汛期(7 月底—10 月)暴雨多由热带气旋造成,洪水相对集中,来势迅猛,峰高而量相对较小。由于暴雨历时长、强度大、范围广,流域水系发达,上中游地区多山丘,洪水汇流速度快,易于同时汇集到干流,加之缺少湖泊调蓄,汇入大湾区洪水具有峰高、量大、历时长的特点,局部地区易形成山洪、泥石流。

(2)区域降雨。粤港澳大湾区降水量地区分布总趋势是由东向西递减,受地形变化等因素影响形成众多的降雨高、低值区。降水量年内分配不均匀,以夏季最多,每年 4—9 月降水量约占全年降水量的 70%～85%,降雨集中。据 1961—2018 年资料统计,大湾区平均年降水量为 1 905 mm,且年际变化明显,年最大降水量 2 489.8 mm(2016 年),最小降水量为 1 157.8 mm(1963 年)。一方面年降水量有小幅度增加的趋势,广州雨量每 10 年增加 32.2 m,即现在年雨量比 20 世纪初要多 300 mm 左右;另一方面,随着城市的快速发展,大雨、暴雨等强降水日数增加明显,强降水发生概率增加。

(3)河口潮汐。珠江河口潮汐属不规则混合半日潮,一天中有两涨两落,半个月中有大潮汛和小潮汛,各历时三天。珠江河口为弱潮河口,潮差较小,口门区平均高潮位为 0.44～0.74 m,平均低潮位为−0.88～−0.41 m,平均潮差为 0.85～1.62 m,最大涨潮差为 2.9～

3.41 m。磨刀门、横门、洪奇门、蕉门等径流较强的河道型河口,潮差自口门向上游呈递减趋势,而伶仃洋、黄茅海河口湾,从湾口至湾顶潮差沿程增加。受汛期洪水和风暴潮的影响,最高潮位一般出现在 6—9 月,最低潮位一般出现在 12 月—次年 2 月。

(4)热带气旋及风暴潮。粤港澳大湾区受热带气旋影响频繁,且多发生在汛期,以 7—9 月为最,最早可出现在 5 月,最迟则在 11 月出现。1949—2019 年,影响大湾区热带气旋的总个数为 414 个,平均为 5.83 个/年,其中台风以上级别的有 193 个,年均达 2.72 个。在大湾区及其以西区域登陆的西进型或西北型热带气旋,受北半球热带气旋风场逆时针旋转及珠江河口岸线影响,在天文潮的不同阶段均可对珠江河口造成严重的风暴潮灾害,如 8309 "艾伦"、9316 "贝姬"、0814 "黑格比"、1604 "妮妲"、1713 "天鸽"、1822 "山竹"等,其中"天鸽"登陆期间,澳门内港站风暴潮最大增水达到 2.66 m。

1.4 地形地貌

粤港澳大湾区地处珠江流域下游及粤东粤西沿海局部地区,其核心区域为珠江三角洲河网区。湾区总体呈马蹄形港湾,地势北高南低,西部、北部和东部三面被山地、丘陵环绕,中部、南部以冲积平原为主、地势低平,形成相对闭合的"三面环山、一面临海、三江汇流、八口出海"的独特地形地貌,如图 1-6 所示。

图 1-6 粤港澳大湾区地形地貌图

中部平原为河网密布的三角洲平原,由高平原、低平原、积水洼地、基水地等四种地貌类型组成,其中前两类约占平原总面积的 2/3。中心区局部存在高程 5～10 m、20～25 m 和 40～50 m 等三级阶地或台地,其中有番禺市桥北的里人洞山(高程 155 m)和佛山西的高地 (高程 82.8 m)、南海平洲镇东的近 EW 向西淋岗(高程 88.3 m)—大象岗(高程 80.5 m)等 小面积低丘陵山地。香港、澳门位于三角洲之南缘,分别位于珠江口东西两侧,东侧香港紧 贴深圳东部,西侧澳门紧贴珠海东南。其中,香港地区属中低山-丘陵型为主的地貌;澳门 地区以低丘陵和平地地貌为主。

粤港澳大湾区城市中心基本位于中部平原地区,滨江临海而建。处在山地、丘陵与中 部平原过渡地带的小流域,由于整体地势向中、南部倾斜,如遇区域内降雨,山洪可顺势入 城,容易形成内涝,如车陂涌流域。车陂涌位于广州市天河区境内,总面积 74 km²。流域源 于龙眼洞筲箕窝,流经广州畜牧场、华南植物园、大丰农场、广州氮肥厂、车陂村、东圃圩,注 入珠江。流域北部为丘陵台地,地势高于 300 m,南部为冲积平原,接近河口区地面高程在 5 m 以下。城市中心区主要位于中部和河口地区,区域暴雨形成的山洪可沿主支涌进入城 区,漫过河道两岸堤防或者影响雨水管道出流,从而形成内涝。

处在中部平原濒临南海的小流域,由于受到潮水顶托,如遇区域内降雨,积水部分时段 难以自排,容易形成内涝,如南沙万顷沙围。万顷沙围片区面积 140 km²,整个排涝片区由 围垦而来,地势较为平坦,落差不大。万顷沙围四周被 4 条外江环绕,外江历史最高潮位达 到 2.7 m、多年平均最高潮位为 1.95 m、多年平均高潮位为 0.66 m。围内低于多年平均高 潮位的地面比例较大,围区受洪、潮双重影响。如区域暴雨洪水遭遇外江高水位顶托,易形 成区域内涝。

1.5 经济社会

1.5.1 区域经济社会

粤港澳大湾区是由广东省九市与香港、澳门特别行政区组成的城市群,总面积为 55 910 km²。 2018 年大湾区内常住人口达到 7 116 万人,就业人口超过 4 571 万人,其中总人口超过 1 000 万的城市有广州和深圳两市(图 1-7)。粤港澳大湾区人口密集,其中澳门人口密高达 度20 000 人/km²,香港、深圳人口密度均超过 6 000 人/km²(图 1-8、图 1-9、表 1-1)。

2018 年,粤港澳大湾区 11 个城市 GDP 突破 10.9 万亿元(以人民币计,下同),约占全 国经济总量的 12.06%;香港、广州、深圳 GDP 分别为 2.4、2.3、2.4 万亿元,占大湾区 GDP 总量的 65.1%(图 1-10、图 1-11、表 1-1)。澳门人均 GDP 最高,香港次之;粤港澳大湾区 2018 年货物进出口货值总额为 14.9 万亿元(图 1-12、表 1-1)。

2018 年统计数据显示,粤港澳大湾区城市产业发展呈现出多元化特点,广州以发展第 三产业为主,深圳第二、第三产业发展基本相当,佛山、东莞以第二产业发展为主,江门、肇 庆则以第一产业发展为主(图 1-13、表 1-1)。未来粤港澳大湾区发展将依托各大城市的产 业特色,优势互补,合力打造国际一流湾区和世界级城市群。

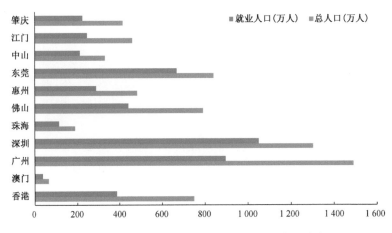

图 1-7　粤港澳大湾区城市常住人口及就业人口分布图

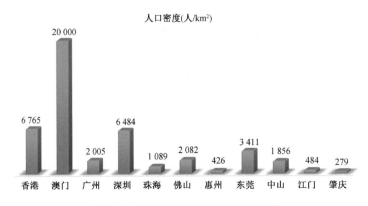

图 1-8　粤港澳大湾区城市人口密度

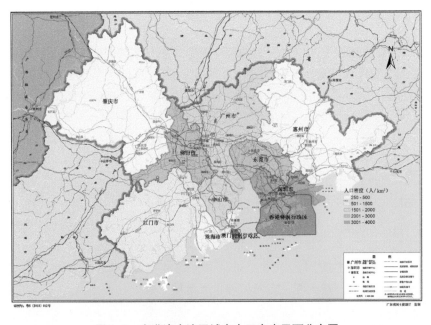

图 1-9　粤港澳大湾区城市人口密度平面分布图

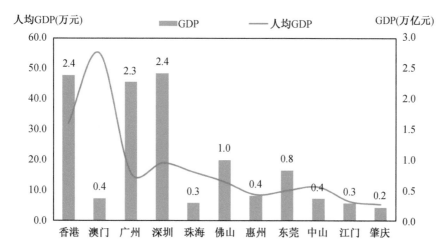

图 1-10 粤港澳大湾区城市 2018 年国内生产总值

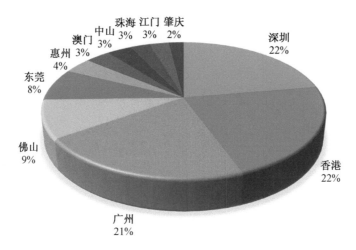

图 1-11 粤港澳大湾区城市 2018 年人均 GDP 占比

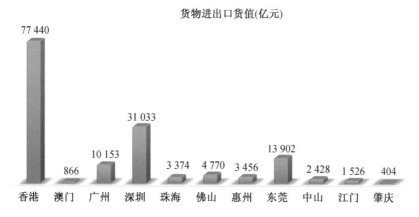

图 1-12 粤港澳大湾区城市 2018 年进出口货物货值

表 1-1　粤港澳大湾区各城市社会经济数据统计表

序号	城市	面积(km²)	总人口(万人)	人口密度(人/km²)	就业人口(万人)	国内生产总值(亿元)	人均地区生产总值(元)	货物进出口货值(亿元)	第一产业(亿元)	第二产业(亿元)	第三产业(亿元)
1	香港	1 106.7	748.64	6 765	386.70	23 915.3	320 967.5	77 440.49	—	—	—
2	澳门	32.9	66.74	20 000	38.54	3 638.8	551 130.1	866.27	—	—	—
3	广州	7 249.3	1 490.44	2 005	896.54	22 859.4	155 491.0	10 152.69	223.44	6 234.07	16 401.84
4	深圳	1 997.5	1 302.66	6 484	1 050.25	24 222.0	189 568.0	31 032.83	22.09	9 961.95	14 237.94
5	珠海	1 736.5	189.11	1 089	115.97	2 914.7	159 428.0	3 374.00	50.09	1 433.82	1 430.83
6	佛山	3 797.7	790.57	2 082	440.91	9 935.9	127 691.0	4 769.62	144.45	5 614.00	4 177.43
9	惠州	11 347.4	483.00	426	290.33	4 103.1	85 418.0	3 456.45	175.98	2 161.58	1 765.50
8	东莞	2 460.1	839.22	3 411	667.17	8 278.6	98 939.0	13 902.09	25.04	4 027.21	4 226.34
7	中山	1 783.7	331.00	1 856	212.99	3 632.7	110 585	2 427.61	61.59	1 780.23	1 790.88
10	江门	9 506.9	459.82	484	247.13	2 900.4	63 328.0	1 525.86	201.69	1 408.15	1 290.57
11	肇庆	14 891.0	415.17	279	225.30	2 201.8	53 267.0	403.63	347.86	774.65	1 073.29
	合计	55 910.0	7 116.37	44 881	4 571.83	108 602.7	—	149 351.54	—	—	—

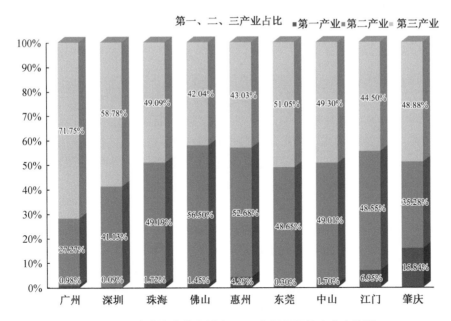

图 1-13　粤港澳大湾区城市 2018 年国民经济产业占比图

1.5.2　世界四大湾区对比

　　湾区经济是以海港为依托、以湾区自然地理条件为基础,发展形成的一种区域经济形态,具有开放的经济结构、高效的资源配置能力、强大的集聚外溢功能和发达的国际交往网络等突出优点。世界银行数据显示,全球 60％的经济总量集中在港口海湾地带及其直接腹地,世界上 75％的大城市、70％的工业资本和人口集中在距海岸 100 km 的海岸带地区。许多地区凭借各种有利的海湾资源条件,打造出著名的湾区,如美国的纽约湾区和旧金山湾区、日本的东京湾区等,他们都是全球重要金融中心,具有经济集聚功能强大、服务业高度发达、创新能力领先、交通枢纽位置凸显等显著特征。四大湾区地理位置如图 1-14 所示。

图 1-14　四大湾区地理位置示意图

　　(1) 东京湾区(Tokyo Bay Area),位于日本关东地区的海湾,因日本首都东京地处湾边而命名。东京湾的西北岸和西岸有着日本的两大核心城市东京和横滨。东京湾区又名东京都市圈,一般包括东京都、神奈川县、千叶县、埼玉县,因此又被称作一都三县,2017年东京都市圈的总人口为4 347万人,占地面积为3.67万km²;按国际汇率计算,日本东京湾区2017年的GDP总量超过12.31万亿元,居世界第一位。

(2)纽约湾区(New York Metropolitan Area),又被称作三州区域(Tri-State Area),它由纽约州、新泽西州和康涅狄格州3个州26个县组成,面积达2.14万km²,2017年居民数量为2 340万,GDP产值为9.91万亿元,城市化水平达到90%以上,是美国人口密度最高的地区。纽约湾区有着众多的产业,如金融贸易、媒体、房地产、时尚娱乐以及科技通信等,而这其中最重要的是金融业,纽约被视为美国金融业的总部。

(3)旧金山湾区(San Francisco Bay Area),位于美国加利福尼亚州北部区域及都会区,地处沙加缅度河下游的旧金山湾出海口和圣帕布罗湾四周。湾区一共有9个县,101个城市,占地1.8万km²,2017年居民数量为715万,GDP产值达到了5.2万亿元,是美国西海岸仅次于洛杉矶的最大都会区。旧金山湾区可以划分为东湾(以奥克兰为中心)、北湾、南湾(以圣何塞为中心)、半岛和旧金山五个区域。湾区的三个主要城市奥克兰、旧金山、圣何塞各自有着不同但互有交集的产业。其中,旧金山有着发达的金融和商业,同时也有着旅游产业和会展服务。以奥克兰为中心的东湾则以重工业为主,例如金属加工、炼油和海运等产业。在南湾则聚集许多高科技公司,包括谷歌、苹果、脸书等互联网巨头和特斯拉等企业的全球总部,因此南湾也常以"硅谷"代称。另外,北湾则是美国主要的农业和酿酒业基地,有着数百个葡萄园和酿酒厂,是著名的葡萄酒之乡。

(4)四大湾区对比。2017年发布的全球湾区数据显示(表1-2):粤港澳大湾区占地面积、港口集装箱吞吐量以及机场旅客吞吐量都远超另外三大湾区,排名第一,人口约等于其他三个湾区总和(图1-15)。目前,粤港澳大湾区GDP总量也已超旧金山湾区,但人均GDP远低于其他湾区,反映湾区自身发展现状的第三产业比重位列末位,发展程度有待提高(图1-16)。粤港澳大湾区整体的发展质量和创新水平与发达国家湾区相比还存在一定差距。也正如世界三大湾区不是一天建成,粤港澳大湾区的未来同样还有很长的路要走。

表1-2　四大湾区关键指标

指标(2017)	粤港澳湾区	东京湾区	纽约湾区	旧金山湾区
人口(万人)	6 671	4 347	2 340	715
占地面积(万 km²)	5.65	3.67	2.14	1.80
GDP(万亿元)	9.43	12.31	9.91	5.20
人均GDP(元)	139 597	283 083	423 630	726 683
第三产业比重(%)	62	82	90	82
港口集装箱吞吐量(万 TEU)	6 520	766	465	277
机场吞吐量(亿人次)	1.80	1.12	1.12	0.71
全球金融中心指数排名	3	5	2	8
世界百强大学数量	5	2	2	3

续表

指标(2017)	粤港澳湾区	东京湾区	纽约湾区	旧金山湾区
世界 500 强企业总部数量	20	60	22	28
主要产业	金融、航运、电子、互联网	装备制造、钢铁、化工、物流	金融、航运、计算机	电子、互联网、生物

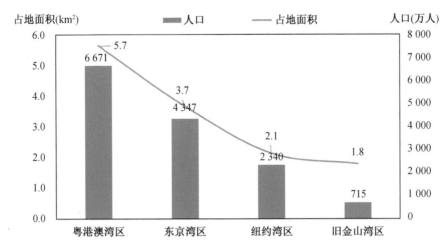

图 1-15　世界四大湾区人口及占地面积对比

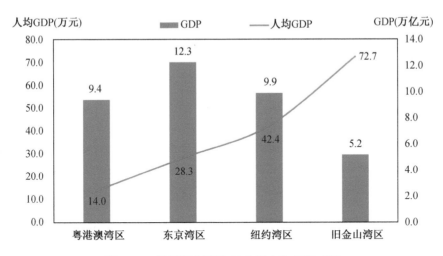

图 1-16　世界四大湾区 GDP 及人均 GDP 对比

1.6　防洪减灾现状和挑战

中华人民共和国成立以来,珠江流域及大湾区区域均进行了大规模的水利建设,其中珠江流域防洪骨干水库西江龙滩、北江飞来峡以及东江枫树坝、新丰江、白盆珠等已建成,大藤峡正在加快建设;大湾区内已建 3 级及以上江、海堤防超过 4 000 km,大湾区堤库结合的防洪减灾体系基本形成,大湾区中心城市广州、深圳防洪(潮)能力达到 50～200 年一遇,香港市区排水干渠系统设计防洪标准达到 200 年一遇,排水支渠系统标准达到 50 年一遇,澳门防洪(潮)能力达到 20～200 年一遇,其余重要节点城市的中心区防洪(潮)能力达到 50～100 年一遇。大湾区由城市河涌、水闸、泵站等综合措施相结合的治涝体系也基本建成,城市排涝能力达到 10～20 年一遇。

大湾区地处珠江流域下游,滨江临海,加上全球气候变化带来的海平面上升,短历时强降雨、台风暴潮等极端天气的增加,以及人类活动引起的洪水归槽、城市下垫面变化等影响,导致大湾区防洪(潮、涝)安全问题更加复杂。

1.6.1 流域型洪水灾害问题

珠江流域暴雨频繁,洪水灾害是流域内发生频率最高、危害最大的自然灾害,尤以中下游和三角洲地区为甚。珠江流域洪水频发。1915 年 7 月,西、北江同时发生约 200 年一遇的洪水,两江下游及三角洲地区的堤围几乎全部溃决,广州市受淹 7 天,珠江三角洲受灾人民 378 万,受灾耕地 648 万亩*,死伤 10 余万人。中华人民共和国成立后的 1959 年东江大洪水(100 年一遇),1968 年(约 10 年一遇)和 1994 年(约 50 年一遇)的西、北江大洪水,1982 年的北江大洪水(接近 100 年一遇),1996 年的柳江大洪水(超 100 年一遇),1998 年西江大洪水(梧州站天然为 30 年一遇,由于洪水归槽,洪峰流量超 100 年一遇)等,受灾人口均超过 100 万人,受灾农田超过 100 万亩。在 1994 年 6 月的洪水中,广东、广西受灾人口近 1 800 万。在 20 世纪末到 21 世纪初 10 年左右的时间里,发生了 6 次较大洪水,其中,2005 年 6 月西、北、东江同时发生洪水(西江天然为 30～50 年一遇,洪水归槽使洪峰流量超 100 年一遇;北江为 10 年一遇,东江为 20 年一遇),广西、广东受灾人口达 1 260 万人,因灾死亡人口 131 人,受灾耕地 984 万亩。

人类活动的影响加重了部分区域的防洪压力,同时粤港澳大湾区建设国家战略也对防洪提出了更高要求,目前大湾区的防洪与《粤港澳大湾区水安全保障规划》中要求的防洪能力还存在着一定的差距。从流域层面,受流域中上游堤防建设影响,西江洪水归槽严重,洪水归槽增加了下游大湾区的防洪压力,蓄滞洪区分洪措施与安全设施尚不完善,流域干支流水库群尚未完全实现统一调度。从区域层面,西、北、东江等大江大河堤防存在险工险段,网河区大规模不均衡下切导致堤防风险以及腹部水位壅高。防洪安全面临着严峻的挑战。

1.6.2 风暴潮灾害问题

《2019 年中国海平面公报》数据显示,1980—2019 年中国沿海平均海平面上升速率为 3.4 mm/a,其中南海沿海海平面上升速率为 3.5 mm/a。受气候变化的影响,近年来台风暴潮呈多发、频发态势,风暴潮位屡创新高,已成为对粤港澳大湾区影响最为严重的水安全问题之一。21 世纪以来,2008 年"黑格比"、2017 年"天鸽"、2018 年"山竹"风暴潮接连刷新八大口门控制站最高潮位历史记录。广州城区"山竹"风暴潮最高潮位达到 3.28 m,几乎达到

---

* 1 亩≈666.67 m²

1915 年乙卯水灾洪水位(3.48 m)同一水平,防洪形势由之前防御西、北江洪水为主,演变为防御流域洪水与河口风暴潮双重灾害的严峻形势。最高潮位不断突破历史,导致原有设计潮位值偏低。南沙、万顷沙西、横门、赤湾 100～200 年一遇设计潮位增加 0.5～0.76 m,原本已达标海堤的防御能力被动下降。

1.6.3　城市洪涝灾害问题

近 50 年来,粤港澳大湾区平均年降水总量没有显著增加的趋势,但大雨、暴雨等强降水日数增加明显。据统计,2000 年之前广东平均每年发生暴雨以上天气日数为 6.4 天,2000—2009 年为 8.7 天,2010 年以来为 10.3 天,如表 1-3 所示。粤港澳大湾区快速高度城镇化使得原有的农田、绿地等透水能力强的地面被不透水的"硬底化"水泥地面所取代,农田、池塘、河道、湖泊等"天然调蓄池"被填平、占用,导致汇流时间缩短,径流峰值增加,径流峰值提前,径流峰型趋"尖瘦"化。广州城区内涝点从 20 世纪 80 年代至今扩散 16 倍;2018 年"8·29"特大暴雨期间,深圳出现 150 处严重内涝黑点。

表 1-3　广州暴雨日数统计表　　　　　　　　　　　　　　单位:天

统计年份	暴雨日数	年平均	大暴雨日数	年平均	暴雨以上日数	年平均	特大暴雨
1960—1969	57	5.70	11	1.10	68	6.80	2
1970—1979	48	4.80	13	1.30	61	6.10	0
1980—1989	54	5.40	10	1.00	64	6.40	2
1990—1999	54	5.40	9	0.90	63	6.30	1
2000—2009	77	7.70	10	1.00	87	8.70	0
2010—2018	66	7.33	27	3.00	93	10.33	1

随着粤港澳大湾区建设的推进,人口和经济将进一步集聚,势必要求更可靠的防洪(潮、涝)减灾保安能力,但目前该区域防洪安全保障能力与大湾区建设要求相比,还存在一定差距。因此,亟需在总结粤港澳大湾区防洪安全保障现状的基础上,以问题为导向,研究防洪、防潮、防涝等面临的问题和挑战,提出宏观防御策略。

第二章

大湾区流域型洪水防御策略

　　大湾区位于珠江流域下游,受流域洪水威胁。自20世纪90年代以来,大湾区连续发生了1994年、1998年、2005年和2008年4场特大洪水,影响范围广、损失严重。大湾区防洪依靠流域和区域共同设防,目前流域骨干水库西江龙滩、北江飞来峡以及东江的新丰江、枫树坝、白盆珠等已经建成,大藤峡水利枢纽正在加快建设;大湾区内已建3级以上江、海堤防达4 140 km,防灾减灾体系基本形成。近些年,人类活动使大湾区的防洪形势发生较大变化,同时粤港澳大湾区建设国家战略也对大湾区的防洪提出了更高要求,大湾区的防洪安全面临着严峻的挑战。本章系统总结了流域暴雨、洪水特性,回顾了典型的流域洪水灾害,梳理了流域区域联防联控防洪体系,并从洪水归槽、流域来沙骤减、河床不均匀下切、关键节点分配比变化、局部洪水位异常壅高以及过去已建堤防不适应新规范要求等多个方面揭示了大湾区面临的防洪新形势和新问题,在此基础上,提出了大湾区流域型洪水宏观防御策略。

2.1　流域洪水

　　珠江流域北靠南岭,西部为云贵高原,中部和东部为丘陵盆地,东南为三角洲冲积平原,地势西北高、东南低(图2-1)。珠江流域地处亚热带,暴雨频繁,洪水量级及影响区域较大,洪水灾害是流域内发生频率最高、危害最大的自然灾害,尤以中下游和三角洲地区为甚。

2.1.1　暴雨特征

　　珠江流域多属亚热带季风区气候,濒临南海,受到南海和孟加拉湾的暖湿气流及北方冷空气影响,易形成范围广、持续时间长的暴雨。由于流域广阔,东部与西部、南部与北部以及上、下游之间地形、地貌差异大,气候及降雨、暴雨量级的差异和沿程变化极为明显。

　　(1)暴雨时间和历时。流域暴雨主要由地面冷锋或静止锋、高空切变线、低涡和热带气旋等天气系统形成,强度大、次数多、历时长。暴雨多出现在4—10月(约占全年暴雨次数的58.0%),大暴雨或特大暴雨也多出现在此期间。一次流域型的暴雨过程一般历时7天左

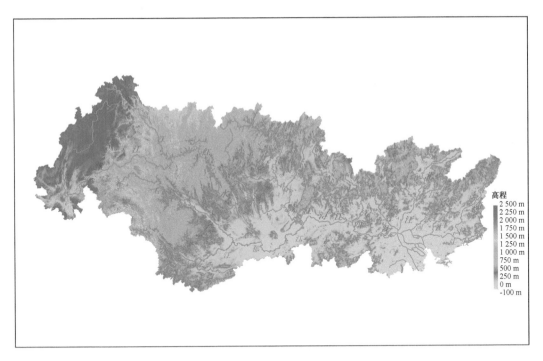

图 2-1　珠江流域地势图

右,而雨量主要集中在 3 天,3 天雨量占 7 天雨量的 80％～85％,暴雨中心地区可达 90％。

（2）暴雨空间分布。暴雨空间分布差别明显,雨量通常由东向西递减。一年中日雨量在 50 mm 以上的天数,东江、北江中下游平均为 9～13 天,桂北和桂南为 4～8 天,滇、黔为 2～5 天,滇东南为 1～2 天。

（3）暴雨强度。暴雨强度的地区分布一般是沿海大、内陆小,东部大、西部小。由于特定的自然环境和地形条件,珠江流域暴雨的强度、历时皆居于全国各大流域的前列,绝大部分地区的 24 小时暴雨极值都在 200 mm 以上。流域短历时最大点雨量一般出现在北江、东江,例如历年统计 60 分钟最大点雨量为东江金坑站(218 mm),6 小时最大点雨量为北江清远站(533 mm)。长历时最大点雨量一般出现在西江,西江暴雨高值区最大 24 小时雨量可达600 mm 以上,最大 3 天降雨量可超过 1 000 mm。如柳江“96·7”大暴雨,其中心最大 24小时降雨量达 779 mm(再老站),最大 3 天降雨量达 1 336 mm。

2.1.2　洪水特征

根据地形地貌和水系布局等特征,可将西、北、东三江干流划分为上、中、下三段(图 2-2)。西江干流源头至广西象州县石龙镇为上游,长 1 573 km;广西石龙镇至梧州市为中游,长 294 km;广西梧州市至广东思贤滘为下游,长 208 km。北江干流源头至广东韶关沙洲尾为上游,长 212 km;沙洲尾至飞来峡为中游,长 173 km;飞来峡至思贤滘为下游,长 83 km。东江干流源头至广东龙川县合河坝为上段,长 138 km;合河坝至观音阁为中游,长 232 km;观音阁至东莞石龙镇为下游,长 150 km。

流域洪水按其影响范围的不同,可分为流域型洪水和地区型洪水。流域型洪水主要由

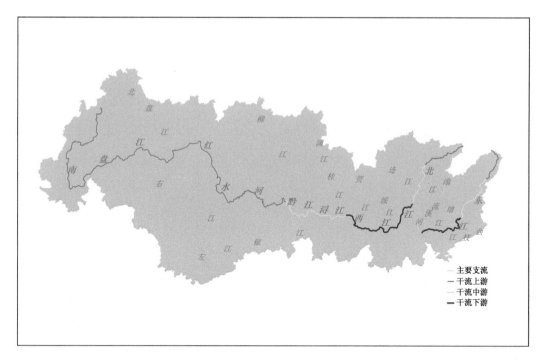

图 2-2　珠江流域水系分段图

大面积、连续的暴雨形成,洪水量级及影响区域较大,如珠江流域的 1915 年洪水和 1994 年洪水等。地区型洪水由局部性暴雨形成,暴雨持续时间短,笼罩面积较小,相应洪水具有峰高、历时短的特点,破坏性较大,但影响范围相对较小,如 1996 年 7 月、1988 年 9 月的流域中上游洪水、1998 年 6 月和 2005 年 6 月的流域中下游大洪水等。

珠江流域洪水由暴雨形成,出现时间与暴雨一致,多集中在 4—10 月,根据形成暴雨洪水的天气系统的差异,可将洪水期分为前汛期(4—7 月)和后汛期(7 月底—10 月)。前汛期暴雨多为锋面雨,洪水峰高、量大、历时长,流域型洪水及洪水灾害一般发生在前汛期。后汛期暴雨多由热带气旋造成,洪水相对集中,来势迅猛,峰高而量相对较小。图 2-3 为西、北、东江峰型示意图。

(1) 西江洪水。西江为珠江的主流,支流众多,源远流长,思贤滘以上的流域面积为35.31 万 km²,占珠江流域总面积的 77.8%。西江较大洪水多发生在 5—8 月,往往由几场连续的暴雨形成,洪水过程峰高量大、历时较长,其中红水河洪水与柳江洪水在黔江口相遇易形成西江中上游型洪水;黔江洪水依次接纳郁江、桂江等主要支流洪水易形成西江全流域型洪水;柳江与郁江、桂江、武宣至梧州区间较大洪水相遇易形成西江中下游型洪水。

西江洪水过程一般历时 30～40 天,年最大洪水的洪量平均值一般占年径流量的 27%,最高可达 48%。洪水过程以多峰型为主,下游防洪控制断面梧州水文站的多峰型洪水过程约占 80% 以上。梧州站多年平均年最大洪峰流量为 32 500 m³/s,其历年实测最大洪峰流量为 53 900 m³/s(2005 年 6 月),调查历史洪水最大洪峰流量为 54 500 m³/s(1915 年 7 月)。

(2) 北江洪水。北江是珠江流域的第二大水系,思贤滘以上的流域面积为 4.67 万km²,占珠江流域总面积的 10.3%。北江洪水常常早于西江,主要发生在 5—7 月,峰高、量较小、历时相对较短,具有山区性河流洪水的特点。

北江洪水过程一般历时约 7~20 天。北江洪水主要来自横石以上地区,下游防洪控制断面石角站年最大洪水的 15 天洪量中,横石站来量占 84%。由于流域面积不大,一次较大的降雨几乎可以笼罩整个流域,加之流域坡降较陡,横石以上的干、支流洪水常常遭遇。横石以下支流的发洪时间一般稍早于干流,较少与干流洪水遭遇。石角站历年实测最大洪峰流量为 16 700 m³/s(1994 年 6 月),实测洪水中,经归槽计算后的最大洪峰流量为 19 000 m³/s(1982 年 5 月)。调查历史洪水的最大洪峰流量为 22 000 m³/s(1915 年 7 月)。

(3)东江洪水。东江是珠江流域的第三大水系,东莞石龙以上的流域面积为 2.70 万 km²,占珠江流域总面积的 6.0%。东江洪水一般出现在 5—10 月,以 6—8 月最为集中,洪水涨落较快,一次洪水过程历时约 10~20 天,多为单峰型。

东江洪水主要来自河源以上,由于面积较小,干、支流洪水遭遇的机会较多。1959 年支流新丰江上建成了新丰江水库,1973 年和 1985 年又先后在干流及西枝江建成枫树坝水库和白盆珠水库,三库共控制流域面积 1.17 万 km²,占下游防洪控制断面博罗站以上流域面积的 46.4%。三库建成后,东江流域的洪水基本得到了控制。经三库联合调洪,可将博罗站 100 年一遇的洪峰流量由 14 400 m³/s 降低为 11 670~12 070 m³/s,接近 20 年一遇洪峰流量 11 200 m³/s。博罗站历年实测最大洪峰流量为 12 800 m³/s(1959 年 6 月),实测洪水中,经还原后的最大洪峰流量为 14 300 m³/s(1966 年 6 月)。

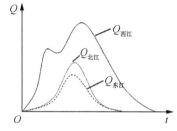

图 2-3　西、北、东江峰型示意图

西江和北江洪水在思贤滘遭遇,易形成流域型大洪水。东江洪水与西江、北江洪水遭遇机会较少,且因狮子洋分隔相互影响较小。西江鸡笼洲以下河段、北江石角以下河段、东江石龙以下河段为感潮河段,珠江三角洲易受西江、北江、东江洪水和潮汐遭遇影响。

2.1.3　典型洪水灾害

1915 年 7 月,西、北江同时发生约 200 年一遇的流域型洪水,两江下游及三角洲地区的堤围几乎全部溃决,珠江三角洲受灾人口 379 万人,受灾耕地 648 万亩,死伤 10 余万人。1998 年西江大洪水,西江马口站洪峰流量超 50 年一遇、北江三水站洪峰流量超 100 年一遇,受灾人口均超过 100 万人,受灾农田超过 100 万亩。本节选取了 20 世纪初一场流域型洪水和 20 世纪末一场流域中下游洪水,介绍了流域典型洪水灾害情况。

(1)1915 年流域型洪水

1915 年 7 月,东、西、北三江同时发生大洪水或特大洪水,是年,按历史纪年属乙卯,故俗称"乙卯洪水"。红水河迁江站洪峰流量为 21 200 m³/s,柳江柳州站洪峰流量为 22 000 m³/s,两江洪水遭遇后,黔江武宣站洪峰流量达到 41 000 m³/s;支流郁江南宁站洪峰流量为 13 500m³/s,洪峰出现时间滞后于梧州站两天;支流桂江昭平站洪峰流量为 14 700 m³/s,桂平至梧州区间的支流蒙江、北流河洪水也很大,干、支流洪水再次遭遇。7 月 10 日,西江干流梧州站出现最高水位 27.07 m,洪峰流量达到 54 500 m³/s,为 1784 年以来最大的一场洪水。北江横石站洪峰流量达到 21 000 m³/s,为 1764 年以来最大的洪水。东江洪水较小,在博罗车氏宗祠处调查到 1915 年最高洪水位为 13.25 m,改正到水文站断面的相应水位为 13.19 m。

东江博罗站 7 月 9 日出现最高洪水位,洪水稍先进入三角洲,西、北江洪水接踵而至,西江梧州、北江横石均在 7 月 10 日出现最大洪峰。三江洪水基本上同时到达三角洲,适逢农历六月初一(7 月 12 日)大潮,珠江三角洲地区遭到前所未有的水灾。

这次洪水,是珠江流域有史可考范围内影响面积最广、灾情最大的一次。珠江三角洲遭受空前严重水灾,三角洲所有堤圩几乎全部溃决。广东省原水电厅于 1985 年统计:"乙卯大水"淹没广东农田 43.2 万 hm²,死、伤、疫病灾民达 10 万人,受灾人口 379 万人,农作物损失折稻谷 88.45 万 t;水淹广州市 7 天之久,广州地区按洪水淹浸地区估算,受浸农田不下 180 万亩,受灾人口 150 万以上。当时一些受灾情况如图 2-4 所示。

(a) 西堤马路被淹情形

(b) 洪水漫过珠江堤岸照片

(c) 白鹅潭的沙面水浸照片   (d) 博济医院水浸照片

图 2-4　1915 年流域型洪水广州地区受灾情况

注:以上照片来源百家号/回溯过去的历史

（2）1998年流域中下游洪水

1998年6月15日开始至27日，珠江流域的西江、北江普降大到暴雨，东江及珠江三角洲也出现局部暴雨，尤其是西江部分地区出现了特大暴雨，致使西江梧州水文站出现了20世纪以来仅次于1915年的实测第二位大洪水。西江、北江、东江洪水汇集珠江三角洲地区，致使三角洲河网区普遍出现高水位。

西江红水河迁江水文站以上洪水不大，属常遇洪水，但红水河洪水与支流柳江洪水相遇，流经黔江武宣水文站后，又与郁江洪水遭遇，演进至大湟江口水文站，形成大洪水。大洪水在继续向下传播过程中，与支流蒙江、北流江、桂江洪水遭遇叠加，加上暴雨区移动路径与洪水演进方向基本一致，有利于下游洪水的汇集、叠加，使西江干流洪水规模沿程增大，最终形成西江干流下游梧州水文站、高要水文站的特大洪水。以梧州水文站为例，近百年以来，水位超过26.00 m的洪水有2次。相对西江洪水，北江洪水的规模较小，北江各支流6月17日左右相继涨水并出现多次洪水过程。6月25—26日北江各支流及干流控制站相继出现最高水位，多数测站洪水量级小于5年一遇洪水。东江暴雨洪水的规模比西江、北江要小得多。

西江洪水通过思贤滘流入北江，因此加大了三水水文站洪峰流量，三水水文站于6月26日22时出现9.59 m的洪峰水位，最大流量达到16 200 m³/s，超过50年一遇洪水。马口水文站于6月27日20时出现9.43 m的洪峰水位，洪峰流量受到削减，最大流量为46 200 m³/s，为50年一遇洪水。西江、北江洪峰虽未曾相遇，但适逢农历初一至初三（6月24—26日）的天文大潮，洪潮相遇，互相顶托，使珠江三角洲水道出现高水位。容桂水道的容奇水文站最高水位达到3.92 m，比"94·6"洪水的3.96 m仅低0.04 m；洪奇门水道板沙尾水文站最高水位为3.16 m，与"94·6"洪水持平；沙湾水道的三善滘水文站最高水位达到3.99 m，比"94·6"洪水高出0.21 m。

这场洪水给珠江三角洲造成较重灾害。广东省封开县、德庆县以下沿江地区有82条堤围漫顶崩缺，淹没作物0.85万 hm²，损坏房屋2.3万间。南海区丹灶镇樵桑联围水闸出现严重塌方造成决堤，缺口达80 m，直接威胁南海、顺德、三水等地8个乡镇40多万人的生命财产安全。

2.2　防洪工程体系

大湾区位于珠江流域下游，主要受上游西江、北江和东江的洪水威胁。大湾区防洪工程体系遵循珠江流域"堤库结合、以泄为主、蓄泄兼施"的方针，目前基本形成了堤库结合为主，辅以其他分、滞洪的防洪工程体系（图2-5）。目前流域骨干水库西江龙滩、北江飞来峡以及东江的新丰江、枫树坝、白盆珠等已经建成，大藤峡水利枢纽正在加快建设；大湾区内已建3级以上江、海堤防达4 140 km。

2.2.1　堤防

粤港澳大湾区内地形以平原、低山丘陵台地为主，堤防在防洪（潮）工程中起着十分重要的作用。目前大湾区已建3级以上江、海堤防达4 140 km，其中重要的堤防包括北江大

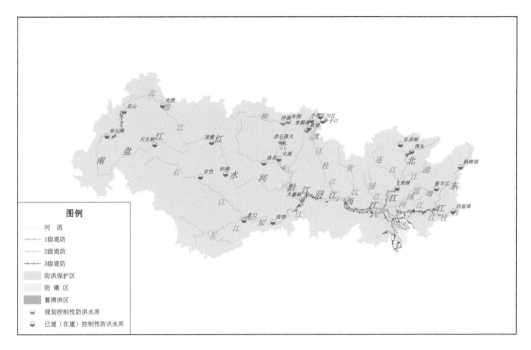

图2-5 防洪工程体系总体布局图

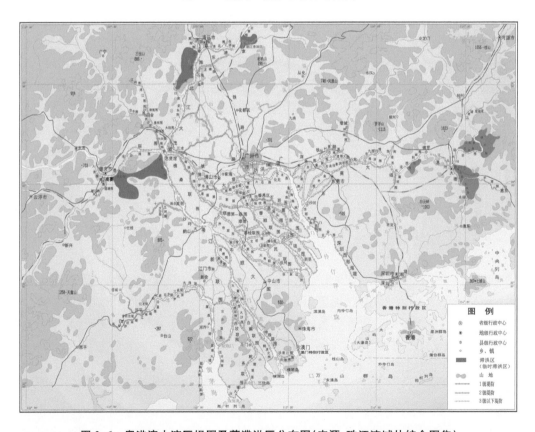

图2-6 粤港澳大湾区堤围及蓄滞洪区分布图(来源:珠江流域片综合图集)

堤、广州市中心城区防洪(潮)堤防、深圳西部海堤、景丰联围、佛山大堤、江新联围、樵桑联围、中顺大围、中珠联围、惠州大堤、东莞大堤等,如图 2-6 所示。

(1)北江大堤

北江大堤位于广州市北江下游左岸,于 1954 年 12 月进行联围筑闸和全面加固并正式定名,是广州市防御西江和北江洪水的重要屏障,国家一级堤防,防洪标准为 100 年一遇。大堤从北江支流大燕河左岸的骑背岭起,经大燕河河口清远市的石角镇,沿北江左岸而下,再经三水区的芦苞镇、三水城区西南街道至南海区的狮山止,全长 63.35 km。为减轻洪水对北江大堤压力和控制进入广州的流量,沿线分布有穿堤涵闸 29 座,其中芦苞、西南两分洪闸下接芦苞涌和西南涌两条分洪河道。北江大堤现状如图 2-7 所示。

图 2-7 北江大堤现状图

(2)广州市中心城区防洪(潮)堤防

广州市中心城区防洪(潮)堤防位于广州珠江段沿岸,总长 195.50 km。已整治段堤防多为砼结构,少量为砌石,防洪标准为 100～200 年一遇;未整治段的堤防主要分布在白云区黄金围段、江心岛等,现状主要为直立式挡墙,为自然土堤,部分为浆砌石堤,堤防等级低,现有堤防防洪(潮)标准仅为 50 年一遇。广州市中心城区防洪(潮)堤防如图 2-8 所示。

图 2-8 广州市中心城区防洪(潮)堤防

(3)深圳西部海堤

深圳西海堤位于深圳市伶仃洋东岸,北起茅洲河左岸,南至西乡河出口右岸大王洲低丘,长 25.4 km。西海堤是围海式海堤,沿线跨越 25 条小河(涌),跨越处建有大小涵闸 28 座。西海堤于 1987 年开始陆续兴建,1991 年底前基本建成。目前,西海堤全线已达 200 年一遇防洪(潮)标准。

(4) 景丰联围

景丰联围位于肇庆市西江下游左岸,西起三榕峡出口经桂林头至青岐涌出口,转而沿青岐涌右岸北上,至四会大沙镇飞鹅岭和水基堤段,全长 60.81 km。景丰联围于 1988 年开始建设,至 2002 年完成,是广东省城乡水利防灾减灾项目中的重点工程、广东省珠江三角洲五大堤围之一,防护总面积 242 km²,保护 60 多万人口,防洪标准为 50 年一遇。考虑远期西江干流大藤峡水利枢纽建成,与龙滩水电站联合运用,可将城区的防洪标准提高到 100～200 年一遇。

(5) 佛山大堤

佛山大堤位于北江干流下游左岸及北江主要支流潭州水道、平洲水道的左岸,堤线上游自南海区小塘镇花木洞围农药厂岗边起,上接北江大堤,下沿北江干流左岸入紫洞口,经潭洲水道至登州头转入平洲水道,至平洲沙尾桥与佛山涌、三山河交会口止,干堤全长 40.92 km,防护总面积 276.1 km²。大堤保护着佛山市汾江区、石湾区两个县级区和南海区小塘、罗村、平洲、大沥、盐步五个镇,总耕地面积 21.27 万亩,人口 55.6 万。佛山大堤为广东省十大堤围之一,堤防标准为 50 年一遇。

(6) 樵桑联围

樵桑联围位于珠江三角洲中上游,北起三水区思贤滘,南至顺德区甘竹溪,西临西江,隔岸与高要区、高明区毗邻,东以北江干流、南沙涌和顺德水道为界,由原桑园围和樵北围联围而成,习惯上称为东堤(48.73 km)和西堤(67.30 km),干堤总长 116.03 km,是一个四面环水的闭合堤围。围内包括三水区的白坭镇、原金本镇及原西南镇的一部分;南海区的丹灶、西樵、原沙头、原九江(现九江、沙头两镇合并)四镇;顺德区的龙江镇及勒流镇的一部分。樵桑联围是广东省十大重点堤防之一,也是珠三角五大堤围之一,防洪标准为 50 年一遇。

(7) 江新联围

江新联围是西、北江下游三角洲五大重点堤围之一,位于珠江三角洲河网区的西部,防护总面积为 545.60 km²,主要保护对象为蓬江区(除潮连、荷塘)、江海区、新会区属下的睦洲、三江、会城部分地区,防护耕地 33.27 万亩,保护人口约 130 万人。江新联围干堤防洪标准为 50 年一遇。

(8) 中顺大围

中顺大围位于珠江三角洲南部、西江支流出海处,因地跨中山、原顺德两市,故名中顺大围。保护地区包括:古镇、小榄、东升、横栏、沙溪、大涌、坦背、板芙、港口、沙朗、张家边和石岐城区;顺德的均安。捍卫耕地面积 51 万亩,人口 64 万人。中顺大围是用来防御洪水、台风暴潮,保障群众生命财产的大围,以降低灾害损失,防洪标准为 50 年一遇。

(9) 中珠联围

中珠联围位于珠江口磨刀门水道东岸,地跨中山、珠海两市,起于中山境内的马角山,经磨刀门水道东岸、马骝洲水道北岸及前山河水道西岸,止于珠海境内的石角咀水闸,形成封闭的中珠联围防洪圈,防洪(潮)标准为 100 年一遇。

(10) 惠州大堤

惠州大堤位于惠州市东江干流,包括南堤和北堤。南堤保护区范围主要为惠城区位于东江左岸和西枝江左岸的老城区和河南岸新城区部分,防护总面积约 124.77 km²。南堤东起西枝江左岸三栋镇紫溪,西至东江左岸梅湖泗湄洲,由惠州堤、惠沙堤和七联堤组成,全长 22.3 km。北堤坐落在市区东江北岸,起于汝湖镇石桥头,止于小金口镇风门坳村,全长 29.60 km,由汝湖堤和水北堤组成,堤库结合可达到 100 年一遇防洪标准。

(11) 东莞大堤

东莞大堤位于东莞市东北部的东江下游,自常平镇九江水大榄树横堤开始,途经桥头围的桥头镇、五八围的企石镇、福燕洲围的石排镇、京西鳌围的茶山镇、东莞大围的附城、莞城至篁村区的周溪,是目前的桥头围、五八围、福燕洲围、京西鳌围、东莞大围五条主要东江堤围的统称,全长 63.71 km,它捍卫着东莞市政治、经济和文化中心莞城及其他 10 个镇(区)的安全。防护耕地面积达 31.5 万亩,保护人口 131 万人,堤库结合可达到 100 年一遇防洪标准。

2.2.2　水库

目前,珠江流域已初步形成了以堤防工程为基础、干支流防洪水库为主要调控手段的防洪工程体系,其中,流域内已建龙滩、飞来峡、百色、老口、乐昌峡、湾头、新丰江、枫树坝、白盆珠等主要防洪水库 388 座,总库容 471 亿 m³,调洪库容 148 亿 m³,在调蓄洪水方面发挥了巨大的作用。

(1) 西、北江流域

西、北江的主要防洪水库为已建的西江龙滩水电站、在建的大藤峡水利枢纽以及北江已建的飞来峡水利枢纽,三库防洪库容约 98 亿 m³,其中,龙滩防洪库容 70 亿 m³(已建 50 亿 m³)、大藤峡 15 亿 m³,飞来峡 13.07 亿 m³。防洪受益区主要包括粤港澳大湾区的肇庆、佛山、广州、珠海、中山、江门等城市及下属乡镇。

① 龙滩水电站(图 2-9)。龙滩水电站位于广西壮族自治区境内西江上游红水河,2001 年 7 月 1 日开工建设,2009 年底一期机组全部投产建成,其控制流域面积 10.58 万 km²,占西江下游防洪控制断面梧州站以上流域面积的 32.4%。工程以发电为主,兼有防洪、航运和水产养殖等综合效益,属"西电东送"的标志性工程,也是西部大开发的重点工程。

龙滩水电站正常蓄水位 400 m(目前只按 375 m 建设),坝高 216.5 m,坝顶长度 836 m,相应库容 272.7 亿 m³,其中设置防洪库容 70 亿 m³,可拦蓄 8 500 m³/s 的洪水,加之下游岩滩水库库容,可使下游的防洪能力提高到 50 年一遇。根据《珠江流域防洪规划》成果分析,龙滩水电站在 7 月中旬前需保持 70 亿 m³ 防洪库容,7 月 15 日以后,水库可以开始回蓄,但在 8 月份仍应预留 30 亿 m³ 防洪库容以应对后汛期洪水,到 9 月 1 日后再逐渐回蓄到正常蓄水位。

龙滩水电站作为西江干流的骨干水库,防洪库容大,调蓄能力强,承担着调控西江流域洪水的任务,为广西梧州市等 10 个市(县)以及包括广东省广州市在内的西北江三角洲 24 个市(县)提供防洪安全屏障,保护耕地近 700 万亩。水库建成以来,多次为下游梯级水库及防洪保护区错峰拦洪,降低下游防洪风险。

需要说明的是,受控制流域面积及电站运行方式的限制,龙滩水电站的防洪任务主要是针对全流域型洪水、中上游型洪水和前汛期型洪水,对中下游型洪水和后汛期型洪水的调洪作用受到限制,必须与大藤峡水利枢纽联合调度,才能较好地解决西江的洪水问题。

图 2-9 龙滩水电站

② 大藤峡水利枢纽(图 2-10)。大藤峡水利枢纽位于西江中游黔江段,控制流域面积 19.86 万 km²,占西江梧州站以上流域面积的 60.5%,总库容 34.3 亿 m³,电站装机容量 1 600 MW,多年平均发电量 61.10 亿 kW·h。枢纽以防洪为主,同时兼有发电、水资源调配、航运、灌溉等综合利用效益,设 15 亿 m³ 防洪库容,控制洪水总量占梧州站洪量的 65%,能同时调蓄红水河和柳江的洪水。大藤峡水利枢纽工程 2015 年正式开工,已于 2019 年 11 月实现大江截流,计划于 2023 年全线竣工。

大藤峡水利枢纽具有控制流域面积大,距西江下游及三角洲防洪保护区距离近的优势,其主要防洪任务是与龙滩水电站联合运用,将下游防洪控制断面梧州站 100 年一遇的洪水削减为 50 年一遇,同时兼顾削减 100 年一遇以上的洪水。根据现有的前期工作成果,大藤峡水利枢纽正常蓄水位 60.41 m,防洪起调水位 47.01 m,防洪高水位 60.41 m,主汛期 (6—7 月)水库限制水位 57.01 m,次汛期(5—6 月、8—9 月)限制水位 59.01 m,当提前 24h 的预报入库流量超过 25 000 m³/s 时,水库水位降至 47.01 m。水库防洪调度采用经验凑泄方式,根据入库流量及下游控制站(梧州站)流量确定泄量,当库水位超过防洪高水位时,水库进行敞泄。

图 2-10 大藤峡水利枢纽(建设中)

③ 飞来峡水利枢纽(图 2-11)。飞来峡水利枢纽位于北江中下游,控制流域面积 3.41

万 km²,占北江流域面积的 73.0%、北江下游防洪控制断面石角站以上流域面积的 88.9%,总库容 18.7 亿 m³,是控制北江洪水的关键性工程。枢纽以防洪为主,兼有航运、发电等综合利用效益。飞来峡水利枢纽已于 1999 年建成。

水库按变动蓄水位方式运行,正常蓄水位 24 m,洪水起调水位 18 m,防洪高水位 31.17 m,总库容 18.70 亿 m³,防洪库容 13.07 亿 m³。水库防洪调度采用经验控泄法,根据坝前水位控制泄量,当坝前水位低于 100 年一遇水位时,按来量下泄,并控制最大泄量不超过 15 000 m³/s;当坝前水位介于 100~300 年一遇水位之间时,控制最大泄量不超过 16 000 m³/s;当坝前水位超过 300 年一遇水位时,按来量控泄。

飞来峡水利枢纽与潖江蓄滞洪区联合运用,可将石角站 100 年一遇的洪水削减为 50 年一遇,300 年一遇的洪水削减为 100 年一遇;与西江龙滩水电站、大藤峡水利枢纽联合运用,可使广州市具备防御西、北江 1915 年型特大洪水的能力。

图 2-11　飞来峡水利枢纽

（2）东江流域

东江的主要防洪水库为已建的干流枫树坝水库、支流新丰江的新丰江水库和支流西枝江的白盆珠水库,三库共控制流域面积 1.17 万 km²,占下游防洪控制断面博罗水文站以上流域面积的 46.4%,总库容 170.18 亿 m³,其中,新丰江 138.96 亿 m³,枫树坝 19.32 亿 m³,白盆珠 11.9 亿 m³,通过采用水库预报凑泄方式,三库联合调洪,可将下游 50~100 年一遇的洪水削减为 20~30 年一遇。防洪受益区主要包括粤港澳大湾区的惠州、东莞等城市与下属乡镇。

① 枫树坝水库(图 2-12)。枫树坝水库位于广东省龙川县境内的东江干流上游,距龙川县城 65 km。水库坝址以上集雨面积 5 150 km²,约占东江水系面积的 15%,总库容 19.32 亿 m³,水面面积 30 km²,是广东第二大人工湖。水库正常蓄水位 166 m,相应库容 15.35 亿 m³,有效库容 12.5 亿 m³。水电站安装两台 7.5 万 kW 的水轮发电机组,总装机容量 15 万 kW。该工程是一项集发电、防洪、航运、水产养殖为一体的大型水利枢纽工程。枫树坝水库于 1970 年 5 月正式动工,两台机组分别于 1973 年 12 月 26 日和 1974 年 11 月 29 日正式发电。

② 新丰江水库(图 2-13)。新丰江水库位于东江支流新丰江上,坝址以上集雨面积 5 734km²,水库总库容为 138.96 亿 m³,水库面积 370 km²。大坝是以发电、防洪为主,结合航运、供水。新丰江水库万绿湖是华南地区最大的水库,与新安江水库千岛湖素有"姐妹湖"之称。新丰江水库于 1969 年建成。

图 2-12 枫树坝水库

图 2-13 新丰江水库

③ 白盆珠水库(图 2-14)。白盆珠水库位于惠东县城东北 34 km,东江支流西枝江上游。集水面积 856 km^2,最大防洪库容 12.2 亿 m^3,调洪库容 6.45 亿 m^3。白盆珠水库是集防洪、灌溉、发电和改善航运等于一体的综合利用型大型水库,于 1985 年 8 月建成。

图 2-14 白盆珠水库

2.2.3 蓄滞洪区

港江蓄滞洪区是珠江流域最重要的蓄滞洪区,滞蓄洪容量 4.11 亿 m^3。此外,还规划有 9 处超标洪水临时滞洪区,包括西江、北江下游的联安围、金安围、清西围,东江下游的平马围、永良围、东湖围、仍图围、广和围、横沥围。

（1）潖江蓄滞洪区

潖江蓄滞洪区是北江中下游防洪体系的重要组成部分,对北江洪水有分流和滞洪作用,2009 年已列入国务院批复的《全国蓄滞洪区建设与管理规划》中,是珠江流域唯一一个列入规划的蓄滞洪区,其总平面布置图如图 2-15 所示。

潖江蓄滞洪区位于北江飞来峡水利枢纽下游 10 km 北江左岸,东经 $113°11′27.37″$～$113°26′26.90″$,北纬 $23°47′25.11″$～$23°39′19.43″$,范围涉及清远市清城区、清新区和佛冈县下属的 36 个村镇,区内有独树围、叔伯塘围、果园围、高桥围、林塘围及大厂围等 17 宗堤围。蓄滞洪区总面积 79.8 km²,总容积 4.11 亿 m³,其中围外面积 33.3 km²,相应容积 1.64 亿 m³,围内面积 46.5 km²,相应容积 2.47 亿 m³。蓄滞洪区影响人口 6.07 万人、耕地 6.71 万亩,影响历时一般 10 d 左右。

工程建成后,一方面通过与北江飞来峡水利枢纽联合运用,控制石角站洪峰流量不超过 19 000 m³/s,使北江大堤防洪标准由 100 年一遇提高到 300 年一遇,并使北江中下游的清东围、清西围等堤围的防洪标准由 50 年一遇提高到 100 年一遇,进一步提高珠江三角洲等地区的防洪保安水平。蓄滞洪区采取天然与工程措施相结合的运用方式,启用洪水标准为20～300 年一遇。当江口圩水位超过 19 m 时,首先启用独树围与叔伯塘围;江口圩水位超过 20.8 m 时,所有堤围利用分蓄洪口门适时分蓄洪水。对 50、100、300 年一遇洪水,蓄滞洪量分别为 3.66、3.70、4.11 亿 m³,分洪最高水位分别为 21.06、21.11、21.62 m,可削减防洪控制断面石角站洪峰流量 324～662 m³/s。

目前,潖江蓄滞洪区建设与管理工程正在建设中(图 2-16)。

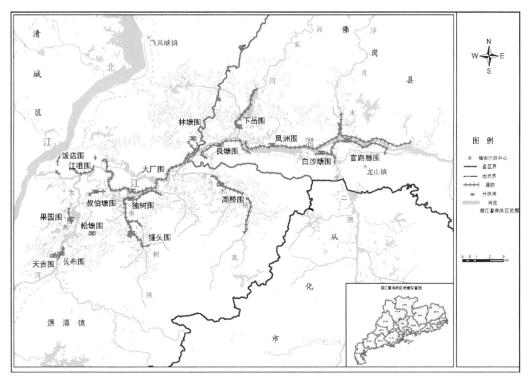

图 2-15　潖江蓄滞洪区总平面布置图

图 2-16　湛江蓄滞洪区

（2）西、北江中下游临时蓄滞洪区

联安围与金安围是西江下游联金大堤的重要组成部分。联安围西起新兴江汇入西江河处以下的沙田坑，沿西江右岸延伸至羚羊峡口的象山岗，堤长约 6 km。联安围洪泛区属于珠江流域西江水系，涉及行政区为肇庆市高要区，总保护面积 179.2 km²。金安围洪泛区属于珠江流域西江水系，涉及行政区为肇庆市高要区，总保护面积 143.2 km²。

在西江干流未建成大藤峡水利枢纽工程前，如西江出现超 50 年一遇的大洪水，或大藤峡水利枢纽建成后，西江出现超 100 年一遇的大洪水，且西北江三角洲重点堤围出现重大险情时，拟利用联安围和金安围作为临时蓄滞洪区。联安围和金安围可滞蓄洪量 15.4 亿 m³，临时影响人口 28.14 万人，淹没耕地 28.29 万亩。

清西围位于北江中下游的右岸，清新区境内，西南面是漫水河，西北面是秦皇河，东面为北江，西面靠秦皇山，是清远市面积最大的堤围。清西围堤线总长 36.9 km，其中北江干堤 12.4 km，秦皇河支堤 9.1 km，漫水河支堤 15.4 km。清西围洪泛区属于珠江流域北江水系，涉及行政区为清远市清新区，总保护面积 152.3 km²。

当北江出现超 300 年一遇洪水，虽联合运用飞来峡水利枢纽调洪和湛江蓄滞洪区，北江大堤及下游三角洲重点堤防仍出现危险局面时，拟利用北江下游的清西围临时滞洪削峰。清西围可滞蓄洪量 7.12 亿 m³，临时影响人口 11.83 万人，淹没耕地 17.00 万亩。

2.2.4　主要分洪水道

芦苞涌、西南涌是北江洪水分洪水道，分别自西向东汇入白坭水和珠江。芦苞闸、西南闸位于北江大堤三水段，是北江分洪水入芦苞涌、西南涌的控制闸，设计分洪流量分别为 1 200 m³/s 和 1 100 m³/s。

2.2.5　珠江河口治理

珠江八大口门是流域洪水的入海通道，维持口门稳定和通畅对于河口泄洪、输沙至关重要。中央和地方政府历来十分重视珠江河口治理工作，从中华人民共和国成立以来，珠江河口治理大体经历了 4 个阶段：联围筑闸，以防为主；两江分治，合理控导；口门整治，畅通尾闾；综合治理，合理开发。

（1）联围筑闸，以防为主

20世纪50年代，珠江三角洲开始将众多小堤围合并成大联围，对堤围加高培厚，并筑闸控制。至1961年，西、北江三角洲2 950个小堤围已联成441个大联围。60年代中期以后，虽然联围筑闸工程仍在继续进行，但已经进入一个缓慢的发展阶段。至1985年，珠江河口地区5万亩以上堤围共计45个，包括北江大堤、中顺大围、中珠联围等。联围筑闸简化了外江水系，缩短了防洪堤线，一定程度上缓解了防洪、防潮压力，有力保障了区域社会经济发展。

（2）两江分治，合理控导

20世纪70—80年代，西江干流的马口站年均分配比为86.0%，洪季分配比为84.6%，枯季分配比达到91.5%。此时洪水期西江水过思贤滘侵入北江，不利于北江三角洲防洪；枯水期北江水流往西江，导致北江三角洲缺水。面对水流自然调节下的不利状况，20世纪70年代开始，珠江河口提出了西江、北江分治，史称两江分治。两江分治就是在西、北江汇合口的思贤滘和西江汊口（东海与西海水道的分汊点）分别建闸，将西江、北江有控制地分开。两江分治的总体目标是汛期"水沙西南调"，使西江的洪水和大量的泥沙从西部口门入海，减少东部口门伶仃洋的泥沙来源，减缓伶仃洋的淤积；枯水期使北江水东调，保证北江三角洲的枯水流量。由于受到诸多限制，两江分治停留在研究阶段，并未实施。

（3）口门整治，畅通尾闾

1979年，珠江水利委员会（以下简称"珠江委"）成立后，针对改革开放后的广东河口地区经济建设发展形势和要求，以磨刀门口门整治为重点，全面开展了珠江河口治理开发规划。磨刀门整治内容包括磨刀门主干道的东、西导堤和洪湾水道的南、北导堤工程，基本形成磨刀门口门区一主一支水道的格局。1994年与1998年大洪水暴露了珠江三角洲和口门地区还存在河障、出海水道淤积、泄洪能力降低等严重问题，出现了部分区域水位异常壅高现象。为畅通尾闾、理顺流态，珠江委组织编制了《1999年珠江河口疏浚治理工程实施方案》，并对磨刀门大桥上、下游共8.41 km河段进行了疏浚；同时实施了横门北汊沥心沙、缸瓦沙导堤及与洪奇门汇合段改善水流的疏浚措施；飞机沙右岸拆除围外围等。实施口门整治工程，河道水深加大，排洪能力得到一定程度的加强。

（4）综合治理，合理开发

21世纪初，面临河口泄洪不畅、滩槽不稳以及岸线滩涂利用需求旺盛等突出问题，珠江委提出《珠江河口综合治理规划》。规划遵循"开发与保护并重"的治理思路，从满足行洪纳潮、增强泄洪能力和引导滩涂岸线资源合理有序利用的角度开展了河口治导线规划、泄洪整治规划、水资源保护规划、岸线滩涂保护与利用规划以及采砂控制规划。规划成果在近15年的河口治理、开发与管理中发挥了重要作用。

综合治理规划方案实施后，伶仃洋及东四口门的蕉门、洪奇门及横门口外深槽得到合理延伸，流势集中、尾闾畅通，利于泄洪纳潮，主干支汊分流比得到适当调整，利于河床稳定，有助于延长伶仃洋水域的寿命，保持通畅。磨刀门干道变得顺直畅通，避免了河口自然发展引起的水道曲折、分汊、洲心连迭、阻力较大等弊病，加强了磨刀门的泄洪主干地位。黄茅海浅海区呈现流态均匀、流势集中、水流畅通、动力加强的新面貌，消除了河口自然延伸所形成的水流分散、流态散乱、淤积严重局面。规划有效保障了防洪堤围的安全，全面提高了珠江河口各口门的泄洪能力。

2.3 现状防洪能力及规划防洪标准

（1）现状防洪能力

经过多年建设，珠江流域防洪工程体系逐步完善，其中珠江流域防洪骨干水库西江龙滩、北江飞来峡以及东江枫树坝、新丰江、白盆珠等已建成，大藤峡正在加快建设；大湾区内已建3级及以上江、海堤防超过4 000 km，大湾区堤库结合的防洪减灾体系基本形成。

北江下游三角洲已初步形成以北江大堤、广州市中心城区防洪（潮）堤防、飞来峡水利枢纽为主体，潖江蓄滞洪区与芦苞涌、西南涌分洪水道共同发挥作用的防洪工程体系，使得大湾区中心城市广州市防洪能力达到可防御北江300年一遇、西江50～100年一遇洪水。

西、北江三角洲现状主要依靠佛山大堤、樵桑联围、中顺大围、江新联围、中珠联围等重点堤围，使大湾区重要节点城市肇庆、佛山、中山、珠海、江门等防洪能力达到50～100年一遇。

东江下游及三角洲的防洪工程体系较为完善，经上游的新丰江、枫树坝和白盆珠三库联合调度，可将下游防洪控制断面100年一遇的洪水削减为20～30年一遇，结合惠州大堤和东莞大堤防御，可使得大湾区重要节点城市东莞、惠州等的防洪标准基本达到100年一遇。

深圳市防洪（潮）能力为50～200年一遇。香港城市排水干渠系统防洪（潮）标准达到200年一遇、排水支渠系统标准为50年一遇。澳门新城区防洪（潮）标准达到100～200年一遇，路环岛部分区域约为20年一遇，内港海傍区防洪（潮）标准不到5年一遇。

粤港澳大湾区城市防洪（潮）能力统计如表2-1所示。

表2-1　粤港澳大湾区城市防洪（潮）能力统计表

地区	防洪现状标准		海堤标准
	城区防洪（潮）	工程体系	
广州	北江100年一遇 西江50年一遇	北江300年一遇 西江50～100年一遇	50～200年一遇
肇庆、江门、珠海、中山、佛山	西江50年一遇	西江50～100年一遇	湾区内海堤达标率不高
东莞、惠州	东江20～30年一遇	东江100年一遇	—
深圳	50年一遇		100～200年一遇
香港	"上截、中蓄、下泄"排涝体系，排水干渠系统防洪（潮）标准200年一遇，排水支渠系统50年一遇，主要乡郊集水区防洪渠50年一遇，乡村排水系统20年一遇		
澳门	内港海傍区防洪（潮）标准不到5年一遇，路环岛部分区域约为20年一遇，其他区域基本达到50～200年一遇		

（2）规划防洪要求

对标国际一流湾区，粤港澳大湾区应加快建设堤库结合、以泄为主、蓄泄兼施的防洪工程体系,堤闸结合的防潮工程体系,完善以防为主的防洪非工程措施,形成流域区域联防联控、安全可靠的防洪减灾网,确保大湾区中心城市广州与深圳防洪能力不低于 200 年一遇,重要节点城市佛山、东莞、惠州、中山、珠海、江门与肇庆防洪能力不低于 100 年一遇,全面实现防洪安全。

2.4　大湾区防洪新形势

2.4.1　西江洪水归槽加大大湾区防洪压力

西江下游地势低平,容易泛滥成灾。1956 年开始修建堤防,并逐年加高。1994 年 6 月和 7 月,西江流域连续发生两次大洪水,浔江、西江两岸损失惨重。灾后,针对堤防标准普遍较低的状况,各地兴起了一次前所未有的堤防建设高潮,沿江两岸的防洪能力得到了较大提高。堤防建设在降低洪水威胁的同时,也改变了原天然河道的洪水汇流特性,致使遭遇一般洪水或较大洪水时洪泛区原有的蓄滞洪水功能逐步丧失,洪水集中于河槽下泄,传播速度加快,洪峰流量增加,增加了下游地区的防洪压力。由于浔江段洪泛面积达 1 000 km²,洪水归槽下泄导致洪峰增大就显得十分明显。洪水归槽改变了洪水水文特征,破坏了水文资料的一致性。据《珠江流域防洪规划》分析,对于西江下游河段的常遇洪水与较大洪水,一般不溃堤情况比天然情况高出近一个频率级。

近年来,西江下游已遭遇三次近百年和超百年一遇的特大洪水灾害(1994 年 6 月、1998 年 6 月和 2005 年 6 月),洪水归槽是主要原因之一。

1994 年,西江流域沿江部分堤防溃决,洪水部分归槽,武宣洪峰流量 44 400 m³/s,大于 20 年一遇(43 200 m³/s),大湟江口洪峰流量(加甘王分流量)48 000 m³/s,超天然情况的 20 年一遇(44 000 m³/s),而梧州洪峰流量达 49 200 m³/s,接近天然情况的 50 年一遇(49 700 m³/s)。

"98·6""05·6"洪水归槽现象更加突出。1998 年后,西江流域沿江堤防很少溃决,洪水归槽明显。"98·6"洪水武宣洪峰流量 37 600 m³/s,接近 10 年一遇(38 400 m³/s),大湟江口洪峰流量(加甘王分流量)44 700 m³/s,超天然情况的 20 年一遇(44 000 m³/s),而梧州洪峰流量达 52 900 m³/s,超天然情况的 100 年一遇(52 700 m³/s),梧州站洪水异常偏大的原因在于洪水归槽。"05·6"洪水武宣洪峰流量 38 500 m³/s,接近 10 年一遇(38 400 m³/s),大湟江口洪峰流量(加甘王分流量)44 800 m³/s,超天然情况的 20 年一遇(44 000 m³/s),而梧州洪峰流量达 53 700 m³/s,超天然情况的 100 年一遇(52 700 m³/s)。"05·6"洪水除桂江上游洪水量级较大(桂林站为 80 年一遇洪水)外,其他各主要支流洪水量级多为 5～10 年一遇,梧州站洪水异常偏大的原因在于洪水归槽。

2.4.2　流域来沙骤减

流域大规模建坝之前,珠江三角洲多年平均来沙量一直稳定在 9 000 万 t 左右,其中西江、北江和东江分别贡献 87%、10% 和 3%。20 世纪 80 年代后,流域几十座大型水库相继建设,尤其是 1992 年岩滩水库和 2007 年龙滩水电站建成后,拦截了大量泥沙,加上流域水土保持工作的加强,河口承接上游来沙呈阶梯状下降趋势,进入"清水时代"。

2010—2017年马口、三水、博罗三站年均输沙量之和20世纪60—80年代相比减少了70%,其中马口多年平均输沙量由7 928万t减小至2 078万t,三水多年平均输沙量由881万t减小至490万t,博罗多年平均输沙量由275万t减小至91万t。据研究,西江大藤峡及柳江落久等大型水库建成运行后,来沙量将进一步减少,梧州站沙量将降至约907万t/a,仅为1956—1991年沙量的12.4%。流域来沙的大幅减少对大湾区河床演变产生深远影响,初步估计,以目前的来沙条件,需要300年才可能恢复到1999年的河床。河道大规模下切和来沙条件骤减是今后大湾区防洪保安全的两个重要前提,流域调度、区域的堤防加固都必须基于现状河网河道地形。

2.4.3 河道大规模不均衡下切影响局部防洪安全

20世纪80年代前,河网干流整体淤积。80—90年代末,区域出现大规模河床采砂活动及人为挤占河道现象,加上广东省"三纵三横三线"的内河航道体系建设,三角洲干流河道转变为以下切为主并向窄深化发展。整体分布上东江和北江干流及其以下河道的河床变化较大,而西江干流及其以西河道变化相对较小,纵向分布上北江三角洲上中游下切幅度大于下游河段,西江干流中下游河段下切幅度大于上游。

1999—2016年,珠江三角洲主干河道及河网区重要河道整体冲淤,主干河道整体呈现下切的趋势,整体上西江下切幅度大于北江大于东江,西江、北江、东江主干河道的下切幅

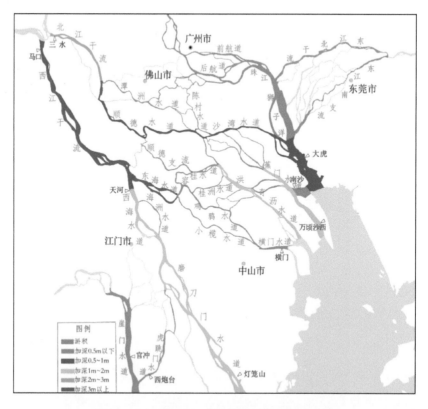

图2-17 1999—2016年三角洲整体冲淤趋势图

度分别为 2.54、1.21、0.41 m,与 1980—1999 年东江、北江下切幅度大于西江趋势相反;同时河道沿程上下游下切不均衡,上游河段下切幅度大于下游河段,北江主干河道上、中、下段冲刷幅度分别为 2.27、0.81、0.65 m,西江主干河道上、中、下段下切幅度分别为 3.31、1.63、1.8 m,与西江 1980—1999 年中下游下切幅度更大的趋势相反(图 2-17)。经粗略估算,流域来沙变化与区域人类活动对河道下切的贡献比例约为 20% 和 80%。可见,高强度的航道整治及采砂活动是引起珠江三角洲河网区河床下切的主要原因。

河床大幅度下切,导致洪水位普遍下降,特别是三角洲河网区上部,同流量下的洪水位降幅超过 1 m,就单纯洪水位角度,有利于防洪和排涝。但不均衡下切使得三角洲腹部水位显著壅高,导致顺德等局部地区防洪压力增大,同时局部河段下切位置逼近堤脚,也加大了堤防安全风险,造成堤防安全隐患。

2.4.4 西、北江洪水分配变化增加了北江三角洲防洪压力

西江干流来水在思贤滘与北江来水汇合,经天然平衡再分配后进入西北江三角洲,马口、三水是西北江径流进入西北江三角洲的控制站。受河道不均匀下切的影响,三水站洪季分流比自 20 世纪 60 年代开始增大,尤其是 2000—2009 年,分流比自 14.7%(60 年代)增大至 23.2%。2010—2017 年分流比小幅降落至 22.0%,但仍显著大于多年平均分流比18.8%(表 2-2)。

由于三水站原来的分流量不大,近 50 年来,其分流比增大幅度超过 50%,相当于增加了半条北江。分流比变化会造成三水以下河网区水文情势发生一定变化,进一步加重了北江下游洪水位异常壅高的形势。

表 2-2 不同年代三水站洪季分流比变化(%)

年代	分流比(%)
20 世纪 60 年代	14.7
20 世纪 70 年代	16.1
20 世纪 80 年代	15.3
20 世纪 90 年代	22.0
2000—2009	23.2
2010—2017	22.0
多年平均	18.8

2.4.5 河网区洪水位普遍下降,局部洪水位异常壅高

珠江流域几次大洪水都对珠江三角洲地区产生了严重的影响,如 1915、1994、1998 年等特大洪水。1915 特大洪水,当时的三角洲堤围防护薄弱,洪水肆意泛滥,三角洲区域基本是一片汪洋。"94·6"特大洪水,珠江三角洲番禺西樵堤及 3 条万亩以上堤围崩溃,加上河口大潮顶托,中山市中顺大围因外江水位持续高涨,围内仅 100 mm 暴雨造成 1 m 多内涝水深,直接经济损失高达 7 亿元,顺德、南海等地内涝灾害损失约计 11.4 亿元,广州损失约

5.2亿元。"98·6"特大洪水规模仅次于1915特大洪水,珠江三角洲部分河道出现超50年一遇洪水位,没有发生大范围淹没。西北江干流洪峰水位如表2-3—表2-4,图2-18—图2-19所示。

表2-3 西江干流洪峰水位

序号	站名	起点距（km）	05·6		98·6		94·6	
			水位(m)	重现期(年)	水位(m)	重现期(年)	水位(m)	重现期(年)
1	马口	0	8.97	不到10	9.43	超10	10.01	近30
2	甘竹	48	6.49	超30	6.32	超20	6.79	近100
3	天河	55	6.12	近50	5.95	近30	6.19	50
4	江门	69	5.12	100	4.87	近50	5.09	近100
5	大鳌	87	3.76	100	3.49	近30	3.59	近50
6	竹银	104	2.56	50~100	2.26	10~20	2.23	超10
7	灯笼山	124	1.77	不到5	1.70	不到5	1.60	不到5
8	三灶	141	1.32		1.31		1.26	

表2-4 北江干流洪峰水位

序号	站名	起点距（km）	05·6		98·6		94·6	
			水位(m)	重现期(年)	水位(m)	重现期(年)	水位(m)	重现期(年)
1	三水	0	9.21	5~10	9.59	10	10.38	50
2	三多	30	6.83	20	6.90	超20	7.10	超30
3	三善滘	70	4.00	超50	3.99	超50	3.78	超20
4	板沙尾	81	3.14	30	3.16	30	3.16	30
5	冯马庙	99	2.40	20	2.27	10	2.12	5

注:表中频率均按照2002年西北江水面线成果。

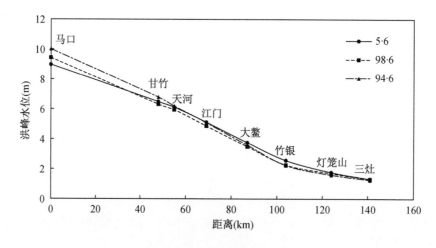

图2-18 西江干流洪峰水位

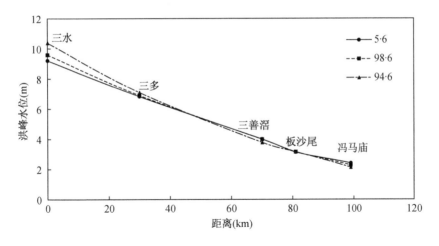

图 2-19　北江干流洪峰水位

流域发生大洪水时,在上游出现某一重现期洪水位的情况下,下游局部河段出现了比上游更高的重现期洪水位,这样的现象称之为局部洪水位异常壅高。根据实测数据,"98·6"与"05·6"三角洲上部马口和三水洪峰水位约 10 年一遇,三角洲腹部洪峰水位达 50～100 年一遇。珠江三角洲腹部堤围,如南顺第二联围、顺德第一联围、容桂联围、五乡联围等现状防洪标准仅为 20～50 年。

尽管近些年河道下切使得水位普遍降低,但河道的不均衡下切导致关键节点分流变化、河道水流加快,珠江三角洲腹部地区的顺德水道下段、顺德支流、容桂水道等洪水位异常壅高,防洪形势依然严峻。

2.4.6　按原规划已达标加固的堤防不适应新规范的要求

2014 年以前审批实施的堤防工程按堤防自身防洪标准进行设计、建设,《防洪标准》(GB 50201—2014)和《堤防工程设计规范》(GB 50286—2013)改为按保护对象确定防洪标准,可能存在堤防不达标的问题。如景丰联围承担 50 年一遇洪水的防洪任务,现状按 2 级堤防完成达标加固,但保护对象肇庆市规划的防洪标准为 100 年一遇,堤防的等级若根据确定的保护对象的防洪标准确定,为 1 级。

根据《堤防工程设计规范》(GB 50286—2013),1 级堤防与 2 级堤防在堤顶高程、堤顶宽度、土堤边坡抗滑稳定安全系数、防洪墙沿基底面的抗滑稳定安全系数、岩基上防洪墙抗倾覆稳定安全系数和堤身的填筑标准等方面存在一定差异。

在堤顶高程方面,1 级堤防的设计水位,堤顶超高中的设计波浪爬高、设计风壅水面高度和安全加高值均大于 2 级堤防。在堤顶宽度方面,1 级堤防不宜小于 8 m,2 级堤防不宜小于 6 m。在土堤边坡抗滑稳定方面,1 级要求的堤防安全系数大于 2 级堤防 0.05～0.15。在防洪墙沿基底面的抗滑稳定方面,1 级堤防要求的安全系数大于 2 级堤防 0～0.05。在岩基上防洪墙抗倾覆稳定方面,1 级堤防要求的安全系数大于 2 级堤防 0.05。在黏性土土堤的填筑标准方面,1 级堤防填筑压实度的要求大于 2 级堤防,1 级堤防不应小于 0.95,2 级堤防不应小于 0.93。

根据新的技术标准和规划要求开展堤防提标时,如果堤防等级有变化,不仅堤顶或防洪墙的高度加高,其堤顶宽度、安全系数和堤身填筑标准也同样需要增加。因此,堤防等级变化时,需要复核安全系数、堤身填筑标准和堤顶宽度是否满足规范的要求,如果不满足,需要对堤防采取相应措施使其满足规范要求。

2.5　防洪策略

2.5.1　统筹流域和区域的流域整体观

(1) 流域整体观。流域具有整体性和关联性,流域内不仅各自然要素间联系极为密切,而且上中下游、干支流、各地区间的相互制约、相互影响极其显著。如上游地区的过度开垦土地、乱砍滥伐、破坏植被,造成水土流失,容易导致洪水泛滥,威胁中下游地区;上游堤防无序加高,导致洪水归槽,势必把洪水风险转移到下游;中下游抬高河床,也会对上游产生影响。从正面看,上游地区进行水土保持综合治理,不仅自己受惠,还将惠及中下游地区;上游水库群科学调度可以缓解下游防洪压力;尤其是在超标准洪水的情况下,有选择地开展分洪,能够有效降低整个流域的总体损失,特别是能够保证重要城市和重要区域的安全。另外,上下游之间的信息共享,对洪水预报和监测具有十分重要的价值,并能够使整个流域受惠。总之,流域水的连续性引起了流域内地理上的关联性及流域环境资源的联动性,以水为纽带形成了各种自然要素之间、自然要素与社会经济要素之间、流域上下游和左右岸之间、干支流之间相互影响、相互制约的综合利益共同体。

(2) 大湾区防洪体系是珠江流域防洪体系的有机组成部分。粤港澳大湾区地处珠江流域下游,汛期洪水主要来源于西江、北江和东江,西江和北江洪水在佛山市三水区思贤滘相遇,易形成流域型大洪水。同时,大湾区南面临海,受到潮汐和风暴潮的影响。大湾区涉及珠江流域三大重点防洪(潮)保护区,分别是西江防洪保护区、珠江下游三角洲防洪保护区、珠江三角洲滨海防潮保护区。其中西江防洪保护区涉及肇庆市;珠江下游三角洲防洪保护区涉及广州、佛山、肇庆、江门、珠海、中山、惠州、东莞等市,防洪任务由堤防、西江干流的龙滩水电站和大藤峡水利枢纽、北江干流的飞来峡水利枢纽、东江干流枫树坝及支流新丰江和白盆珠水库构成的堤库结合的防洪工程体系承担;珠江三角洲滨海防潮保护区涉及广州、深圳、珠海、中山、东莞和江门6市,防洪(潮)任务主要由滨海防潮堤承担。

(3) 流域与区域联动的系统防御策略。以大湾区防洪为独立研究对象,对照粤港澳大湾区国家战略对防洪新要求,系统梳理大湾区的防洪短板和新情势,以及大湾区(重点是西北江三角洲)与流域上游的关联,理清流域和区域层面各自的主要矛盾和任务分工。目前,在流域层面,因流域上游水情工情变化对大湾区防洪影响主要表现为以下4个方面:①通过流域水库群科学调度错峰削峰,可以有效缓解大湾区的防洪压力;②蓄滞洪区科学分洪,可以减轻超标准洪水情况下大湾区的防洪压力;③流域中上游堤防建设会引起洪水归槽,增加下游大湾区的防洪压力;④流域来沙锐减,大湾区河网河床演变将长期维持现状。在区域层面,大湾区自身面临的防洪新形势和主要问题表现为以下2个方面:①大湾区堤防存在险工险段;②河网区大规模不均衡下切导致三角洲河网区水位明显普遍下降、马口三水分流比发生变化以及三角洲腹部水位异常壅高。大湾区流域洪水防御必须基于流域整体观,也就是说大湾区防洪须从流域和区域两个层面共同解决。

2.5.2　大湾区堤防系统评估与升级改造

目前,广东省水利厅于 2002 年颁布的《西、北江下游及其三角洲网河河道设计洪潮水面线》是三角洲水利规划和工程建设的重要参数来源和依据。该设计水面线计算采用 1999 年河道地形。

如前文所述,1999 年以来,河网依然处于下切态势。河床大幅度、不均衡下切,致使三角洲河网区洪水位普遍下降而腹部水位显著壅高,原来水面线不完全适应现在的水利规划和工程建设。同时,河床下切可能引发堤防崩岸,增大堤防安全风险。另外,2014 年以前审批实施的堤防工程按堤防防洪标准设计,《防洪标准》(GB 50201—2014)和《堤防工程设计规范》(GB 50286—2013)改为按保护对象确定防洪标准,可能存在堤防还不达标的问题。如中顺大围,按 50 年一遇防洪标准设计(远期堤库结合达 100 年),堤防等级为 2 级;按新标准,堤防等级为 1 级。《粤港澳大湾区水安全保障规划》对大湾区防洪能力提出了新要求,规划大湾区重要节点城市防洪能力不低于 100 年一遇,广州、深圳中心区防洪能力不低于 200 年一遇。因此,迫切需要立足新的水情形势,根据新的技术标准和规划要求,系统开展三角洲防洪体系的整体安全评估,并在此基础上对流域水库调度、区域堤防达标加固等防洪体系布局进行优化。

2.5.3　开展重要节点控导工程研究

河网区关键节点缺乏调控手段,无法有效应对西北江特大洪水下的腹部水位异常壅高。推进思贤滘与天河南华生态控导工程建设,稳定常遇洪水西、北江分流比,调控西江、北江单边特大洪水(如北江超 300 年一遇洪水遭遇西江一般洪水、西江超 100 年一遇洪水遭遇北江一般洪水)和西、北江同时发生大洪水且思贤滘洪峰超 100 年一遇洪水,以及珠江三角洲堤围突发险情下的西、北江干流分流,提高西北江三角洲洪水调控能力与防洪抢险应急处置能力。

2.5.4　加强流域水工程联合调度

立足于流域整体观,粤港澳大湾区是以堤库结合的防洪工程体系来保证湾区防洪安全,其中流域水工程的联合调度是确保和提升防洪体系防御能力的重要手段,包括流域水库群、流域和区域蓄滞洪区以及三角洲重要堤围闸泵群的联合调度。水库群的联合调度是利用各水库在水文径流特性和水库调节能力等方面的差别,通过统一调度,在水力、水量等方面取长补短,提高流域水资源的社会、经济与环境效益。水库群联合调度直接关系到流域内广大人民群众的生命财产安全和经济社会发展,应首先确保水库大坝安全,并遵循统筹兼顾、局部服从全局、电调服从水调、兴利服从防洪的调度原则。

(1)水库群防洪调度现状

珠江流域水系庞大,干支流洪水遭遇组成复杂,洪水类型多。目前,以《珠江流域综合规划(2012—2030 年)》和《珠江流域防洪规划》为依据,根据防御洪水原则,结合流域工程体系现状、各调度专题研究成果和历次抗洪抢险经验,珠江流域已形成一套洪水调度方案,包括西、北江中上游,西、北江下游及其三角洲,东江及其三角洲各河段在防御设计标准内洪水以及超设计标准洪水下的调度方案,其中西江中上游型洪水指黔江以上洪水比例较大的洪水;中下游型洪水指梧州洪水组成中黔江以上洪水比例较小、黔江以下区间洪水比例较大的洪水。

① 西、北江中上游洪水

在遇设计标准内洪水时,调度运用顺序为:一是充分利用河道下泄洪水;二是利用西江龙滩、百色、老口,北江乐昌峡、湾头等干支流水库联合拦蓄洪水,大藤峡水利枢纽建成后发挥其拦蓄作用。

在遇超设计标准洪水时,在保证水库工程安全和后期来水下泄安全的前提下,结合气象水文预报,充分挖潜花山、柴石滩等南盘江干支流水库群,浮石、大埔、洛东等柳江干支流水库群,百色、老口等郁江水库群,天生桥一级、光照、龙滩、岩滩等西江干支流水库群以及北江中上游乐昌峡、湾头等水库群拦蓄能力,必要时可适当预泄超蓄,力保南宁、梧州、柳州等城市重点保护目标安全,尽量减轻洪灾损失。

② 西、北江下游及其三角洲洪水

在遇设计标准内洪水时,调度运用顺序为:一是充分利用河道下泄洪水;二是利用西江中上游的龙滩、岩滩等干支流水库,西江中下游的长洲水库、西津水库,北江飞来峡等干支流水库联合拦蓄洪水,大藤峡水利枢纽建成后发挥其拦蓄作用;三是运用潖江滞洪区分蓄洪量;四是启用芦苞涌和西南涌分洪水道分洪。

在遇超设计标准洪水时,充分挖潜流域内水库群拦蓄能力,加强工程巡查、防守、抢险,视情考虑启用金安围、联安围、清西围临时滞洪区蓄滞洪水,力保北江大堤、景丰联围、江新联围、中顺大围、樵桑联围、佛山大堤防洪安全,尽可能减轻西、北江下游及其三角洲洪灾损失。

③ 东江及其三角洲洪水

在遇设计标准内洪水时,调度运用顺序为:一是充分利用河道下泄洪水;二是利用新丰江、枫树坝、白盆珠等东江干支流水库联合拦蓄洪水。

在遇超设计标准洪水时,在保证水库工程安全和后期来水下泄安全的前提下,利用气象水文预报、信息化支撑等技术,充分挖潜东江水库群的拦蓄能力,必要时可适当超蓄,适时启用平马围、永良围、东湖围、仍图围、广和围、横沥围等临时滞洪区滞洪,力保惠州、东莞等城市重点防洪目标安全,尽量减轻洪灾损失。

(2)进一步加强水库群联合调度

随着水文气象预报精度的提高、系统决策科学理论的日益完善和计算机软硬件技术的快速发展,水库群间的联合优化调度变得越来越"智慧",可以比较准确地进行某一区域中短期的天气预报,结合调度模型对各水库的运行进行统一协调、统一安排。通过科学利用水库群和蓄滞洪区蓄洪滞洪、削峰错峰等,减少水库最大泄量,达到保证各水库和区间防洪安全的目的,充分发挥水库群的防洪效益,确实做到"标准内洪水不出意外、超标准洪水不打乱仗"。

珠江流域中上游已建主要防洪水库300多座,拟纳入联合调度中的水库数量超过20

座,包括南盘江柴石滩、鲁布革、天生桥一级,北盘江光照,红水河的龙滩、岩滩、乐滩,柳江的落久、红花,右江百色,郁江老口、西津,黔江大藤峡,浔江长洲,桂江斧子口、青狮潭、京南等,北江的乐昌峡、湾头、飞来峡等,东江新丰江、枫树坝、白盆珠水库等。不少水库需满足多种目标,加上管理机制体制尚不完善,协调难度大,联合调度决策实际上是一个非常复杂的过程。另外,珠江流域水系分布广,干支流洪水遭遇组成复杂,洪水类型多;同时极端降雨、洪水等事件的发生,包括洪水归槽,使得已经建立的水文统计规律发生变化,导致水文条件的非一致性,既增加了洪水预测预报的难度和不确定性,也增加了实时调度的不确定性,使得联合调度更加困难。随着水文气象预报和计算机应用技术的不断进步,将会产生一些适用于水库群联合调度的新理论和新技术,水库群的联合调度研究及应用仍有很长的路要走。

2.5.5 加强行蓄空间管控

流域堤防工程建设必须严格服从流域防洪规划的总体布局,不得随意超越流域防洪规划确定的标准,协调好上、下游,左、右岸,局部与整体的关系,避免加大周边地区的洪水风险。

珠江流域规划有潖江蓄滞洪区,以及联安围、金安围、清西围、平马围、永良围、东湖围、仍图围、广和围、横沥围等9处超标准洪水临时滞洪区。实施蓄滞洪区"分得进、蓄得住、退得出",逐步加强蓄滞洪区管理。加强蓄滞洪区内社会经济活动管理,研究调整区内经济结构和产业结构,限制蓄滞洪区内高风险区的经济开发活动,鼓励企业向低风险区转移或向外搬迁,严禁在蓄滞洪区内发展污染严重的企业和生产、储存危险品。加强蓄滞洪区土地管理,土地利用、开发和各项建设必须符合防洪要求,保证蓄滞洪区容积,减少洪灾损失。蓄滞洪区实行严格的人口政策,限制区外人口迁入,鼓励区内常住人口外迁,控制人口增长。对蓄滞洪区内非防洪建设项目,应严格履行洪水影响评价,设置自保防御措施,严禁在潖江蓄滞洪区分洪口附近和洪水主流区内修建或设置有碍行洪的各种建筑物。参照蓄滞洪区管理有关规定,加强对大湾区防洪安全具有重要作用的临时蓄滞洪区域内经济社会活动管理。

2.5.6 加强洪水保险理论与政策研究,探索流域洪水保险机制

(1)洪水保险的内涵。洪水灾害既具有一般自然灾害发生频率较高、灾害发生地点分布广等特点,又具有巨灾特性,即一次成灾的损失大,而且持续时间长,影响范围广,次生灾害多。洪水保险是属于防洪非工程措施,凡参加洪水保险的居民、社团、企业、事业等单位,按规定保险费率定期向保险公司交纳保险费,保险公司将保险金集中起来,建立保险基金,当投保者的财产遭受洪水淹没损失后,保险机构按保险条例进行赔偿。

(2)洪水保险的作用和必要性。首先,洪水保险可增强被保险单位或个人承担洪水灾害的能力。在传统的洪水风险管理模式下,人们往往是被动地承受洪水可能造成的损失,特别是当发生特大洪水时,一方面可能使人们长期积累的财富毁于一旦,另一方面目前受灾群众更多的是依靠政府补贴、民政救灾、社会救助、政府低息(或无息)救灾贷款等形式来分担损失,这显然是不充分和不确定的。洪水保险是一种事前的制度安排,洪泛区的居民

可以根据自己的风险暴露程度和支付能力,通过购买保险的方式,分散和转移自身可能面临的风险。同时,许多国家的洪水保险属于政策性保险,不以赢利为目的,具有社会互助救济的性质,其主要目的在于通过政府的主导和支持,组织防洪保护区、蓄滞洪区、洪泛区的经济补偿,在较长的周期和较大的范围分散损失。

其次,洪水保险可引导公众对防洪区的合理开发。在洪泛区内进行经济开发活动,面临的突出问题是洪水风险损失的不确定性,而洪水保险可以将开发者面临的不确定风险损失,通过支付一定保费的方式加以确定。同时,洪水保险通过差异化的承保条件和费率机制,引导开发者的开发行为从洪水风险大的地区转移到洪水风险小的地区,实现引导洪泛区合理有序开发的目的。

再次,洪水保险可协调流域和区域洪水风险管理。水的自然流动和连续性,决定了洪水保险具有流域性。从宏观层面,流域是基于共同风险要素的利益关联共同体,流域性特征为基于流域的洪水保险制度建设奠定了坚实的基础。实施洪水灾害风险管理面临的一个突出问题和挑战是如何很好地协调流域不同经济体、经济区域之间的利益,洪水风险的人为不合理转移问题突出。如上游与支流堤防加高或新建堤防后,洪水自然调蓄能力减弱,洪水风险可能向干流或中下游平原经济更发达的地区转移,超标准洪水蓄滞洪区分洪则牺牲蓄滞洪区,以尽量减少下游经济发达、人口集中地区的洪水灾害。建立基于流域的洪水保险制度,全面导入流域差异化定价机制和风险预警机制,就可以通过洪水保险这根纽带,利用市场机制,协调相关各方利益,为流域和区域间经济的协同和平衡发展提供一个调节机制和管理平台。

（3）建立流域多元参与的洪水保险机制。由水利部及流域机构会同珠江流域各省、自治区和受洪水威胁最大的市、县有关部门与保险机构一道,对珠江流域洪水保险的有关问题进行研究,在此基础上,提出符合珠江流域实际的洪水保险政策、措施和办法。研究内容主要包括:划分防洪功能区,将洪水保险计划纳入洪泛区和蓄滞洪区的管理计划;分析不同防洪功能区的洪水、洪灾风险,绘制洪水风险图,寻求合适的洪灾保险费计算方法;研究保险范围、保险对象、投保方式、保险金支付来源、保险费率的确定原则和办法、赔付方式以及赔付资金的来源等;研究各级政府机构(包括"三防办"、各级水行政主管部门)和承保机构在洪水保险中应承担的责任等。由于洪水保险是一个具有特殊性的险种,一旦受灾,赔付数额巨大,因此,需依照国家的《防洪法》和《保险法》,补充制订有关在流域较大范围内,强制或半强制投保的政策,建立洪水保险基金和实行共同保险或再保险的政策措施。洪水保险(包括大型水利工程保险)属于巨灾保险,按照现行保险公司的保险方式,单个保险公司难以承保。因此,应联合多家保险机构开展防洪工程设施保险和洪水保险的研究工作,探讨共同保险或再保险的方式。

第三章

大湾区风暴潮灾害及防潮策略

风暴潮是受大气强烈扰动而导致海面异常升高的现象,风暴潮一旦与天文大潮相遇,两者高潮位相互叠加,往往能使得水位暴涨,海水轻松越过护岸入侵内陆,在极短的时间内侵入几十公里,给沿海地区带来巨大的经济损失和人员伤亡。近年来,风暴潮灾害的损失占比已位居中国各种海洋灾害损失之首,并呈现逐年增加的趋势,风暴潮灾害已成为威胁中国沿海地区社会经济发展最严重的自然灾害。据统计,2008—2016 年,广东省海洋灾害造成的直接经济损失约 428.34 亿元,其中 426.56 亿元由风暴潮引起,占总损失的 99％以上,成为制约大湾区经济、社会可持续发展的重要因素之一。

联合国政府间气候变化专门委员会(Intergovernmental Panel on Climate Change,简称IPCC)第四次及第五次报告指出,受全球变暖以及海平面上升的影响,海岸带地区台风、风暴潮等极端事件风险日益增加,成为全球变化高风险热点区域,对沿海地区的人类生存和发展造成严重威胁。中国气候变暖以及海平面上升趋势与全球一致(图 3-1 和图 3-2),导致沿海地区的形势尤为严峻,30％以上沿海地区为高脆弱区域,存在较大的淹没风险。有关研究表明,在无相应防御措施情况下,到 2050 年,广州和深圳由于风暴潮灾害造成的年均经济损失,将分别位列全球首位和第五位。粤港澳大湾区面临的淹没风险及年均经济损失均处于全球前列,水安全保障面临极大挑战。

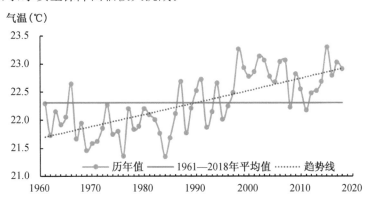

图 3-1　1961—2018 年粤港澳大湾区平均气温变化

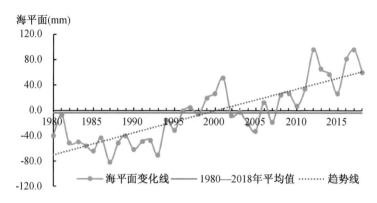

图 3-2 1980—2018 年粤港澳大湾区沿海海平面变化

3.1 热带气旋与风暴潮

3.1.1 热带气旋

（1）形成条件

热带气旋一般形成于广阔的海面，它的能量来自湿空气上升时水汽凝结而释放的潜热。热带气旋的形成涉及一些必要的动力学、热力学和气流结构条件，其形成机理如图 3-3 所示。

① 热力学条件：表层海水温度在 26℃ 以上，用以保证低气压中心内气体持续受热上升，这也是热带气旋形成于热带—亚热带的由来。这一条件是热带气旋的能源供给。

② 动力学条件：低层大气出现辐合气流，上升气团遇冷凝结放热而加热大气，导致气团持续上升、地面气压继续下降、辐合气流进一步加强，促进热带气旋的形成；地转偏向力足够大，形成逆时针旋转的水平涡旋，一般要求纬度在 5°N 以上。这一条件得以触发热带气旋的启动机制。

③ 对流层结构：热带气旋源区对流层上下的空气相对运动较弱，以保证释放的凝结潜热加热同一个气柱，加快暖心结构的形成与中心气压的降低。这一条件得以保证热带气旋漩涡结构维持。

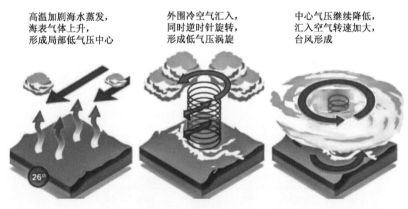

图 3-3 热带气旋形成机理

（2）结构及体积

热带气旋是一个深厚的低气压系统,其中心气压很低,低层有显著向中心辐合的气流,顶部气流主要向外辐散。如果把台风(热带气旋的一种)沿中心垂向切开,可以看到明显不同的三个区域,从中心向外依次为:风眼区、云墙区、螺旋雨带区。

图 3-4　台风结构示意图(来源:中央气象局)

一般已经成长为台风的热带气旋,其外圈大风区半径约 200～300 km,中圈漩涡风雨区半径约 100 km,也是风雨最强、破坏性最大的区域,内圈为风眼区,半径 5～30 km,无风无雨(图 3-5)。

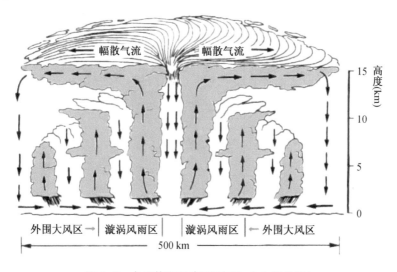

图 3-5　台风体积示意图(来源:中央气象局)

（3）分类

热带气旋是发生在热带或副热带洋面上的低压涡旋,受地球自转影响,北半球热带气旋中的气流绕中心呈逆时针方向旋转,在南半球则相反,可大致分为生成、成熟、消亡 3 个阶段。其生命周期短则 2～3 天,长则 1 个月,平均 1 周左右。根据国家标准《热带气旋等级》(GB/T 19201—2006),热带气旋划分为 6 个等级,分别为热带低压、热带风暴、强热带风暴、台风、强台风和超强台风。各级气旋底层中心附近最大风速及风力等级见表 3-1。

表 3-1　热带气旋等级划分表

热带气旋等级	底层中心附近最大风速(m/s)	底层中心附近最大风力(级)
热带低压	10.8～17.1	6～7
热带风暴	17.2～24.4	8～9
强热带风暴	24.5～32.6	10～11
台风	32.7～41.4	12～13
强台风	41.5～50.9	14～15
超强台风	≥51.0	≥16

3.1.2　风暴潮

我国台风风暴潮的成灾地区遍布我国大陆沿海,但多集中在大江、大河的入海口,海湾沿岸和沿海低洼地区,平均每年登陆台风约为 7～9 个。广东省汕头至珠江三角洲地区就是受影响较为严重的区域。据 1949—2019 年的统计数据,影响我国的台风平均每年 18 个左右,其中广东沿海登陆的就有 7 个。中国遭受风暴潮引起的海难 70 余次,直接经济损失 1亿/年,并造成巨大的人员伤亡。

(1) 风暴潮增水原理

风暴潮多指由热带气旋等强烈的天气系统所引起的强风、气压骤变导致的海面水位急剧上升的现象,可理解为风暴潮位与天文潮位之差,其成因受到诸多因素的影响,其中热带气旋伴随的强风和中心低气压是引起风暴增水最主要的动力因子。风眼周围的强风推动水体向岸壅高,可造成十分显著的增水;同时,气旋中心的低气压会造成相应局部区域水面的抬升(图 3-6)。

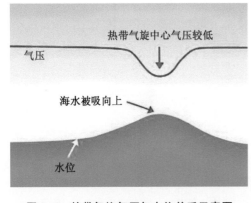

图 3-6　热带气旋气压与水位关系示意图

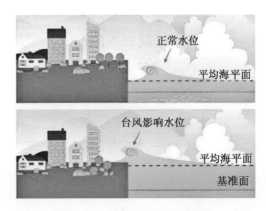

图 3-7　台风登陆水位示意图

风暴潮增水在距海岸较远的海域"无关紧要"。当台风、强台风甚至超强台风于近岸处登陆时,若此时正值天文大潮(太阳和月亮的引潮合力最大时的潮汐过程),尤其是与天文大潮期间的高潮相叠,常常使其影响所及的滨海区域水位暴涨,伴随着波浪不断推高堤岸临海侧水位,导致海水越过海堤侵入陆地,甚至冲毁沿海海堤,从而酿成巨大灾难(图3-7)。

(2) 风暴潮增水影响因子

风和气压引起的增水不仅与风场的强度有关,还受到气旋的运动速度、风圈大小、中心气压幅值等因素的影响。除了与气旋参数密切相关之外,风暴潮增水还受天文潮、近岸地形影响。

① 风生增水

强风拖曳表面水体会造成岸边增水或减水,一般位于上风向的岸线会出现减水,而位于下风向的岸线由于风拖曳着水体向岸堆积则会出现增水。风暴潮过程中强风是引起近岸增水的最主要因子。一般情况下,风速越大引起的增水幅度也越大。早期的风暴潮研究主要通过水位观测资料,采用经验和统计的方法建立风暴潮增水与风暴强度之间关系,进而以此统计规律来预报风暴潮增水幅度。迄今为止,采用风暴强度预估增水风险仍是一种简便且实用的方法。

台风过程中的大风还会导致波浪增强。大浪会冲毁堤坝,掀翻泊船,也是风暴潮过程中形成灾害的主要因素之一。波浪增减水是波浪变浅和破碎过程中伴随的平均水位变化,由波浪辐射应力的梯度决定。对于垂直岸线入射的波浪在斜坡地形下产生的水位变动,常表现为在远岸区减水、破碎带以内的近岸带增水的特征。此类增水主要跟入射波高有关,呈现短周期、高频率的特征。

风暴潮风生增水及气压影响如图3-8所示。

② 气压影响

气旋中心的低气压所引起的水面压力梯度差也是风暴潮增水的主要因子之一。气旋中心的气压降低值可达几十至一百多hPa(百帕)。历史上记录到的最低海面气压发生在1979年10月的台风"泰培"期间,最低海面气压达到870 hPa。

在静态问题中局部水面气压每降低1 hPa,水位抬升约1 cm。然而,当大气中低气压扰动在快速移动时,其引起的水面升降现象则更为复杂,常可能造成更大的水面抬升。Proudman针对运动气压扰动引起的水面强迫波动,给出了一个简单的解析解。这个解析解非常著名,至今仍被广泛应用于解释气象海啸现象(Meteotsunami)。这一解析解表明,当气压扰动运动速度与水中浅水波速相当时,会出现共振现象,即水面无限抬升。该共振现象后来也被命名为Proudman共振。

③ 地形、岸线影响

此外地形、岸线特征也是非常重要的影响风暴潮增水幅度的因素。一般来说,喇叭口形的海湾海滩平缓,使海浪自深水区直抵湾顶,不易向四周扩散,加之陆架水深较浅,进一步加剧了风暴潮的发展。

(3) 风暴潮灾害

风暴潮灾害属潮灾(指海水上陆造成沿海生命财产损失和海岸工程破坏的一种严重海洋自然灾害,为人熟知的有地震海啸、风暴潮灾害等)的一种。一般来说,把风暴潮灾害划

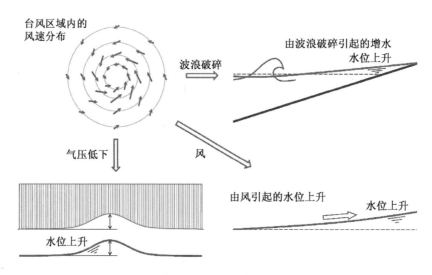

图 3-8　风暴潮风生增水及气压影响示意图

分原生灾害与次生灾害。风暴潮对人类生产、生活的影响主要体现在以下 6 个方面。

① 破坏工程设施。风暴潮来临时常伴随着大风,会使航行的船舶倾覆,毁坏港口和海上钻井平台等工程设施,卷走水产养殖设施,淹没道路,阻断交通,损毁堤防,甚至会造成房屋倒塌,树木连根拔起,通信和电路中断等。

② 破坏沿海工业。风暴潮造成的增水会淹没码头、仓库、盐田等,造成码头瘫痪,仓库进水,盐田冲毁,使海上油气田停产。

③ 破坏生态系统。风暴潮来临会挟带大量海水淹没沿岸农田和湿地,导致农田盐碱化,破坏海岸河口植被,导致海滩生态环境恶化,加速海岸生态系统的退化。

④ 海岸侵蚀。风暴潮加速对海底的冲刷和对海岸的侵蚀,造成土地大量流去、海岸构筑物破坏、海滨浴场退化、海岸防护压力增大,侵蚀下来的泥沙又被搬运到港湾淤积而使航道受损。

⑤ 海水入侵。海水入侵使灌溉地下水变咸,土壤盐渍化,灌溉机井报废,导致水田面积减少,旱田面积增加,农田保浇面积减少,荒地面积增加,最严重的会导致工厂、村镇整体搬迁,海水入侵区成为不毛之地。

⑥ 对污染物的再分配。有些沿海地区存在近海排污,工程残土、城市垃圾倾倒入海或堆放在海边,疏浚航道挖出的淤泥就近抛置的现象,风暴潮使污染物、垃圾、污泥等再搬运、再分配,扩大污染范围,对沿海的旅游业、渔业、养殖业、自然和生态环境造成破坏,工程残土和淤泥淤积还会使航道受损。

3.2　影响大湾区的热带气旋统计分析

据统计热带气旋半径一般为 300 km 左右,大者可达到 500 km,因此本书统计辐射半径取中值 400 km。三灶站属大湾区受热带气旋影响最为严重的城市之一珠海市,直面南海,流域层面也处于珠江三角洲八大口门中心位置,因此选取三灶站作为统计的中心。将以三灶潮位站(坐标为 $113°24'E$,$22°02'N$)为圆心,辐射半径为 400 km 范围内的热带气旋定义为影响粤港澳大湾区的热带气旋,范围西至雷州半岛,东至南澳岛(图 3-9)。根据中国气象局发布的 1949—2019 年热带气旋数据,对影响大湾区的热带气旋进行了统计研究[①]。

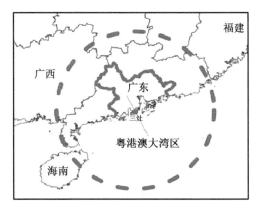

蓝线以内为粤港澳大湾区范围

图 3-9 影响粤港澳大湾区热带气旋范围示意图

3.2.1 频次分析

(1) 年代变化

按年代统计 1949—2019 年共 8 个年代的热带气旋频次,结果表明,20 世纪 60 年代(简称"1960 年代",以下类同)发生的西北太平洋热带气旋频数最多,达到 411 个,占总比的 17.25%。之后至 2000 年代逐渐减少,最小值发生在 2000 年代,仅为 274 个,占总比的 11.50%。对 70 年资料分析表明,西北太平洋热带气旋频数整体呈下降趋势,近 10 年频数有所升高,如表 3-2 所示。

表 3-2 1949—2019 年西北太平洋及影响大湾区热带气旋统计表

年代	西北太平洋热带气旋		影响大湾区热带气旋	
	频数(个)	比例(%)	频数(个)	比例(%)
1950	352	14.77	65	15.70
1960	411	17.25	64	15.46
1970	381	15.99	65	15.70
1980	333	13.97	62	14.98
1990	309	12.97	55	13.29
2000	274	11.50	47	11.35
2010	287	12.04	48	11.59
总计	2 347	98.49	406	98.07

热带气旋频次年代统计分析表明,影响大湾区的热带气旋与西北太平洋热带气旋频数

---

① 注:本书在进行统计时,影响粤港澳大湾区热带气旋的级别定义为该热带气旋在整个生命过程中的最高级别。

变化趋势比较一致。1950—1970 年代影响大湾区的热带气旋频数变化相对平稳,每个年代个数为 64～65 个,之后逐渐减少至 2000 年代,该年代仅为 47 个,2010 年代略有增加达到 48 个,如表 3-2 所示。

(2) 年际变化

1949—2019 年,西北太平洋热带气旋总生成个数为 2 383 个,平均为 33.6 个/年。西北太平洋热带气旋频数在 1960 年代及 1970 年代初期较大,其中 1967 年达 55 个,为最多,之后逐渐减少,最小值发生在 2010 年,仅为 18 个[图 3-10(a)]。值得注意的是,近 10 年来,西北太平洋热带气旋呈增加趋势。

1949—2019 年,影响粤港澳大湾区热带气旋的总个数为 414 个,平均为 5.83 个/年,占西北太平洋热带气旋总数的 17.37%。整体上看,影响粤港澳大湾区的热带气旋与西北太平洋热带气旋频数年际变化趋势一致。但是影响大湾区的热带气旋年际变化幅度极大,最多的频数达到 11 个,年份为 1953 年、1967 年及 1974 年;最少的年份为 1969 年,仅为 1 个;其次为 2005 年、2007 年及 2015 年,均为 2 个[图 3-10(b)]。近几年来,影响大湾区的热带气旋较多,2017 年及 2018 年连续两年有 6 个热带气旋影响该地区,其中 2018 年包括 2 场超强台风。

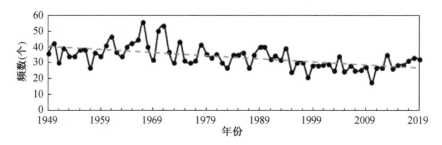

(a) 西北太平洋热带气旋(蓝色为趋势线)

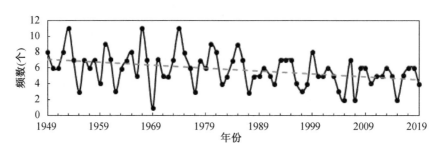

(b) 影响粤港澳大湾区热带气旋(蓝色为趋势线)

图 3-10 1949—2019 年热带气旋频数及长期变化

(3) 年内变化

通过对 1949—2019 年间热带气旋的统计分析可知,影响粤港澳大湾区的初台多发生于 5 月底或 6 月初,已记录的最早的初台为 0801 号热带气旋"浣熊"(发生于 2008 年 4 月 14—19 日);终台多发生于 10 月底或 11 月初,已记录的最晚的终台为 8124 号热带气旋"李"(发生于 1981 年 12 月 22—29 日)。统计时段内,发生在 4 月份的初台以及发生在 12 月份的终台强度较大,均达到台风以上级别,应引起注意。

从年内分布来看,除 1—3 月无影响粤港澳大湾区的热带气旋外,其余月份均存在。热带气旋频次从 4 月份开始逐渐增加,至 8 月份达到最大值,而后从 8 月份开始至 12 月份,热带气旋频次又逐渐减少。7—9 月为热带气旋多发月份,共 288 个,占全年总频次的 69.57%。

值得一提的是,影响大湾区的热带气旋有时在一段时间内集中发生。1973 年影响大湾区的 7 个热带气旋中,有 3 个生成于 8 月份,3 个生成于 9 月份,这是统计时段内,影响大湾区热带气旋相对最为集中的一年。2017 年大湾区在 8 月下旬—9 月初的半个月内,接连遭受 3 个热带气旋的影响,分别为 1713 号强台风"天鸽"、1714 号台风"帕卡"和 1716 号强热带风暴"玛娃",影响最为密集。

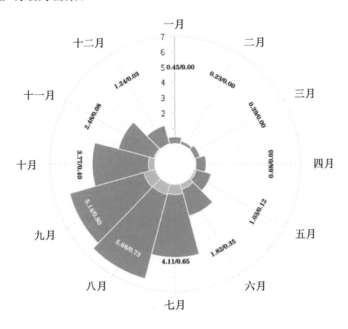

● 西北太平洋和南海　● 大湾区

图 3-11　1949—2019 年西北太平洋和南海与大湾区月均台风(及以上)数量对比图

3.2.2　强度分析

在 1949—2019 年统计时段内,影响粤港澳大湾区的热带气旋以强热带风暴、台风居多,分别达 101 个、87 个,分别为 1.42 个/年、1.23 个/年。热带低压、热带风暴、强台风及超强台风的频数相对较小,分别为 67 个、53 个、54 个及 52 个,均在 1 个/年以下。值得注意的是,影响大湾区的热带气旋中,台风以上级别的达 193 个,达年均 2.72 个,占总比的46.62%(见表 3-3 和图 3-12)。

表 3-3　影响粤港澳大湾区各级别热带气旋频数及比例表

气旋级别	频数(个)	年均频数(个/年)	比例(%)
热带低压	67	0.94	16.18
热带风暴	53	0.75	12.80
强热带风暴	101	1.42	24.40

续表

气旋级别	频数(个)	年均频数(个/年)	比例(%)
台风	87	1.23	21.01
强台风	54	0.76	13.04
超强台风	52	0.73	12.56
台风以上级别	193	2.72	46.62
总计	414	2.83	—

影响粤港澳大湾区的不同强度热带气旋的年际频数及长期变化趋势如图3-13所示。热带低压频数长期减少趋势最显著，为每10年0.18个，最大值发生在1956年(5个)。热带风暴频数呈长期增加趋势，每10年为0.09个，最大值发生在1953年、2009年和2019年(3个)，而强热带风暴及强台风变化趋势不明显。可以看出，不同级别热带气旋频数的长期变化趋势并不一致，影响大湾区热带气旋频数的减少趋势主要受热带低压的减少趋势影响。从5年滑动平均频数变化趋势线来看，各级别热带气旋频数变化趋势呈现明显波动。近10年来，影响大湾区的超强台风增加趋势明显，其中1713号强台风"天鸽"和1822号超强台风"山竹"直接在大湾区登陆，登陆时中心附近最大风力超过14级，对大湾区造成了极大影响。

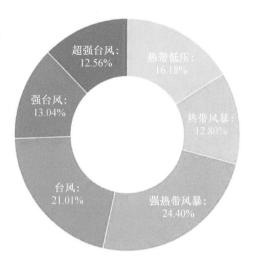

图3-12　影响粤港澳大湾区各级别热带气旋频数及比例图

由各级别热带气旋的年内时间分布中可以看出热带低压、强热带风暴、台风年内分布规律与热带气旋总频次分布规律基本一致，即在8月份达到最大频次(表3-4)。而热带风

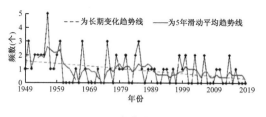

(a) 热带低压

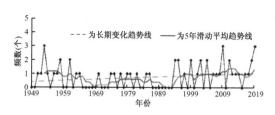

(b) 热带风暴

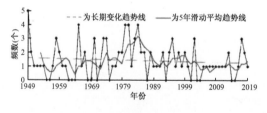

(c) 强热带风暴

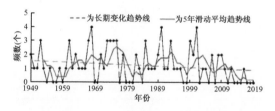

(d) 台风

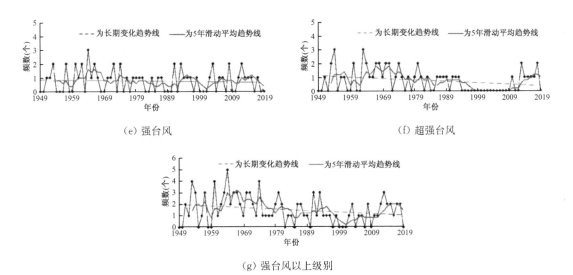

（e）强台风　　　　　　　　　　　　　　　（f）超强台风

（g）强台风以上级别

图 3-13　1949—2019 年影响粤港澳大湾区不同强度热带气旋频数及长期变化

暴、强台风和超强台风年内分布规律与总频次分布存在差异,其中强台风与超强台风频次最大月份均为 9 月份,分别为 14 个与 13 个。台风以上级别的频次也是在 9 月份达到最大值(48 个)。

表 3-4　影响粤港澳大湾区各级别热带气旋年内时间分布统计

月份	等级							总计	比例（%）
	热带低压	热带风暴	强热带风暴	台风	强台风	超强台风	台风以上级别		
1	0	0	0	0	0	0	0	0	0.0
2	0	0	0	0	0	0	0	0	0.0
3	0	0	0	0	0	0	0	0	0.0
4	0	0	0	2	1	0	3	3	0.7
5	4	1	3	5	2	0	7	15	3.6
6	12	17	11	10	8	3	21	61	14.7
7	11	14	23	19	8	12	39	87	21.0
8	21	12	34	23	9	12	44	111	26.8
9	14	8	20	21	14	13	48	90	21.7
10	5	1	5	7	7	10	24	35	8.5
11	0	0	5	0	3	2	5	10	2.4
12	0	0	0	0	2	0	2	2	0.5

3.2.3　登陆情况分析

　　登陆热带气旋是指登陆我国的热带气旋,沿海岛屿除台湾、舟山群岛、香港和海南岛以外,都不作为登陆地点处理。据 71 年资料统计,影响大湾区的登陆热带气旋频数为 357 个,占影响大湾区热带气旋总频数的 86.23%。

(1) 登陆地点

影响粤港澳大湾区的登陆热带气旋,按登陆点位置分在大湾区登陆、在大湾区以东登陆和在大湾区以西登陆进行统计(见表 3-5)。其中,在大湾区以西登陆的热带气旋频数最多,达到 183 个,占比 51.26%;其次为在大湾区以东登陆的 97 个,占比 27.17%;直接在大湾区登陆的共 77 个,占比 21.57%,每年平均 1.08 个。

受岸线走向影响,在大湾区登陆的热带气旋容易形成多次登陆,所带来的大风、暴潮、暴雨通常给登陆点附近造成巨大损失。如 1604 号台风"妮妲",于 2016 年 8 月 2 日 3 时 35 分在广东省深圳市大鹏半岛登陆,登陆时中心附近最大风力达 14 级(42 m/s),中心最低气压为 96.5 kPa,4 时在深圳市大梅沙第二次登陆,之后横穿伶仃洋,于 7 时 40 分在广州市龙穴岛再次登陆,之后深入内陆强度逐渐减弱直至消失。

表 3-5　影响粤港澳大湾区热带气旋登陆位置及强度统计

登陆强度	登录位置			总计
	大湾区以西	大湾区	大湾区以东	
低于热带低压	16	6	4	26
热带低压	40	15	12	67
热带风暴	40	13	18	71
强热带风暴	43	22	28	93
台风	37	19	26	82
强台风	6	2	8	16
超强台风	1	0	1	2
台风以上级别	44	21	35	100
总计	183	77	97	357
占比(%)	51.26	21.57	27.17	—

(2) 登陆强度

热带气旋登陆大湾区时强度在台风以上级别的为 21 个,其中台风级别的有 19 个,强台风级别的有 2 个,且均出现在近 5 年,分别为 1713 号强台风"天鸽"和 1822 号超强台风"山竹"。表 3-6 列出了热带气旋登陆大湾区时强度的年代变化,台风以上级别的频数在 1960 年代达到最大值 8 个,在 1970 年代和 1980 年代下降到最低值 1 个,随后逐步增加,在 2010 年代达到 4 个。

表 3-6　影响粤港澳大湾区热带气旋登陆强度的年代变化统计(个)

年代	登陆强度						
	热带低压	热带风暴	强热带风暴	台风	强台风	超强台风	台风以上级别
1950	6	1	3	2	0	0	2
1960	1	2	2	8	0	0	8
1970	1	2	5	1	0	0	1

年代	登陆强度						
	热带低压	热带风暴	强热带风暴	台风	强台风	超强台风	台风以上级别
1980	2	1	2	1	0	0	1
1990	2	2	5	2	0	0	2
2000	2	4	2	3	0	0	3
2010	1	1	3	2	2	0	4
综合	15	13	22	19	2	0	21

3.2.4 路径分析

影响粤港澳大湾区的登陆热带气旋,从移行路径来看,可分为三类典型路径,分别为西进型、西北型和北上型(见图 3-14)。其中,西进型或西北型热带气旋频数最多,达到 228 个,占比 63.87%;北上型达到 50 个,占比 14.01%;其他路径类型为 79 个。

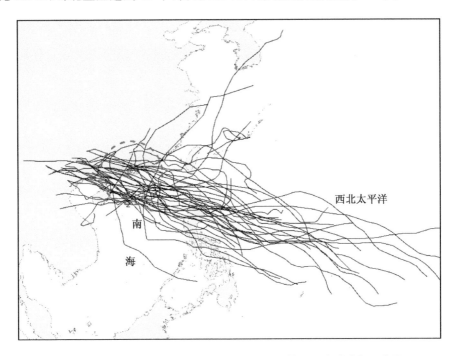

图 3-14 2000—2019 年影响粤港澳大湾区热带气旋移动路径示意图

西进型或西北型路径的热带气旋多生成于西北太平洋,其强度大历时长,如 0814 号强台风"黑格比"、1713 号强台风"天鸽"、1822 号超强台风"山竹"等均属于该路径类型热带气旋;北上型路径的热带气旋多生成于南海,其强度较西进型和西北型热带气旋稍弱,如 0801 号热带气旋"浣熊";也有北上型路径的热带气旋生成于西北太平洋,西行进入南海后转北影响大湾区,如 0601 号热带气旋"珍珠"。此外,还存在异常路径型热带气旋影响大湾区,如 1329 号热带气旋"罗莎",该热带气旋生成于西北太平洋,加强为台风后一直向西北方向移动,至 2013 年 11 月 3 日 6 时在距离大湾区约 200 km 的海域突然转向西南方向移动,此后强度逐渐减弱。

影响大湾区的热带气旋以生成于西北太平洋的西进型或西北型移动路径热带气旋为主,该类热带气旋具有强度大、持续时间长的特点,且大多在大湾区或大湾区以西区域登陆。由于北半球热带气旋的风场呈逆时针旋转,加上珠江河口岸线影响,在大湾区及其以西区域登陆的西进型和西北型移动路径热带气旋,可造成珠江河口强风暴潮灾害,如 8309 "艾伦"、9316 "贝姬"、0814 "黑格比"、1604 "妮妲"、1713 "天鸽"、1822 "山竹"等均属于该类型热带气旋。一般认为,风暴潮最大增水出现时间适逢天文大潮期或天文潮高潮时,可能引发大湾区严重的风暴潮灾害。如 0814 号强台风"黑格比"于 2008 年 9 月 24 日 6 时 45 分在大湾区以西的茂名市登陆,灯笼山站风暴潮最大增水为 1.92 m,发生时间为 9 月 24 日 3 时左右,此时与天文潮高潮时接近(澳门内港站高潮时为 4 时左右),受此影响,灯笼山站最高潮位达 2.73 m;1713 号强台风"天鸽"于 2017 年 8 月 23 日 12 时 50 分在珠海市登陆,澳门内港站风暴潮最大增水为 2.66 m,发生时间为 8 月 23 日 12 时左右,此时与天文潮高潮时接近(澳门内港站高潮时为 11 时左右),受此影响,澳门内港站最高潮位达 3.63 m。事实上,发生在天文潮小潮期的、在大湾区及其以西区域登陆的西进型和西北型移动路径热带气旋同样可能引发巨大的风暴潮灾害。如 1822 号超强台风"山竹"于 2018 年 9 月 16 日 17 时在大湾区登陆,此时即为天文潮的小潮平潮期,巨大的风暴潮增水引发了珠江河口东 4 口门多个站点的风暴潮位超历史极值。

3.2.5 灾害分析

海洋灾害一般以风暴潮灾害为主,海浪、海岸侵蚀、赤潮、海水入侵与土壤盐渍化、咸潮入侵等灾害均有不同程度发生。风暴潮灾害对于大湾区的影响基本局限于沿海城市,主要涉及广州、深圳、珠海、惠州、东莞、中山、江门及澳门特别行政区,占海洋灾害损失的 99% 以上。根据《2015—2019 年广东省海洋灾害公报》及澳门"天鸽"期间直接经济损失统计等资料,粤港澳大湾区近 5 年受灾人口及直接经济损失统计见图 3-15,2016、2017 及 2018 年大湾区沿海各地市主要海洋灾害直接经济损失分布见图 3-15—图 3-18。

图 3-15　粤港澳大湾区近 5 年受灾人口及直接经济损失统计图

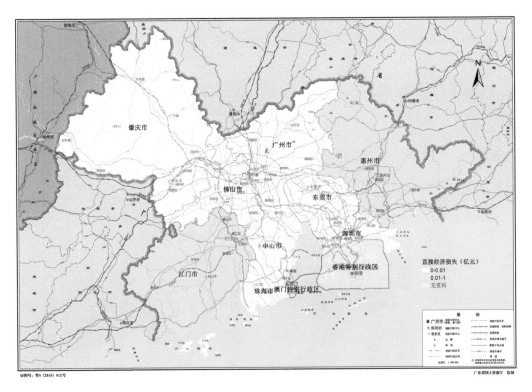

图 3-16　2016 年粤港澳大湾区沿海各地市主要海洋灾害直接经济损失分布示意图

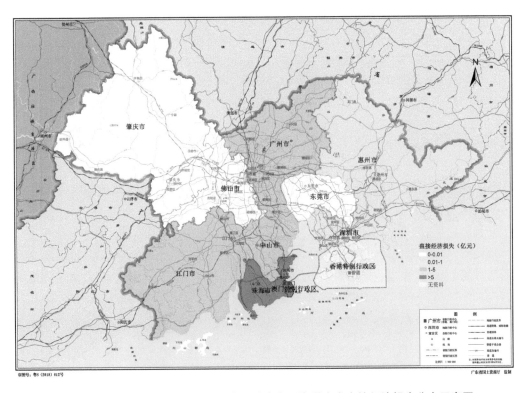

图 3-17　2017 年粤港澳大湾区沿海各地市主要海洋灾害直接经济损失分布示意图

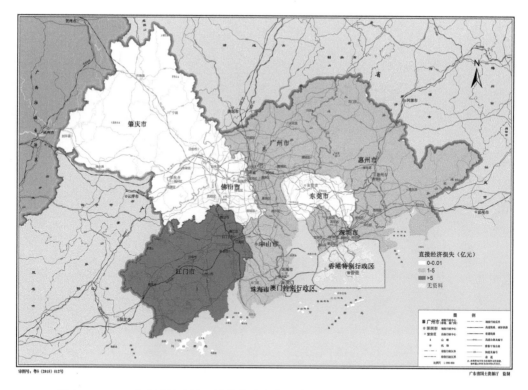

图 3-18　2018 年粤港澳大湾区沿海各地市主要海洋灾害直接经济损失分布示意图

通过对影响粤港澳大湾区热带气旋的发生时间、频率、移动路径、强度及致灾等方面进行统计,可知西北太平洋热带气旋频数整体呈下降趋势,但近 10 年频数有所升高;同时影响大湾区热带气旋总频数呈现明显的年际波动,近 10 年影响大湾区的超强台风增加趋势明显,加之风暴潮致灾人口较多、经济损失十分巨大,因此亟需梳理典型台风暴潮灾害,明确湾区防潮形势,以期制定合理有效的防潮策略。

3.3　典型台风暴潮灾害

粤港澳大湾区地处珠江河口,风暴潮灾害频发。20 世纪 90 年代对粤港澳大湾区影响最大的台风为 1993 年的 9316 号台风"贝姬",登录地点在黄茅海附近,给江门、珠海等市造成了重大的损失;21 世纪 00 年代,粤港澳大湾区典型的风暴潮灾害以 2008 年的 0814 号台风"黑格比"风暴潮为代表,台风引发了珠江口及粤西沿海特大风暴潮灾害,对粤港澳大湾区西部沿海的珠海、中山、江门造成了严重的影响;21 世纪 10 年代,粤港澳大湾区连续 2 年(2017 年的 1713 号台风"天鸽"和 2018 年的 1822 号台风"山竹")遭受强台风级别以上台风正面登陆,香港、澳门、珠海等地受灾严重。

3.3.1　9316 号台风"贝姬"风暴潮过程

(1)"贝姬"台风概述

9316 号台风于 1993 年 9 月 16 日 2 时在菲律宾北部 18.9°N,121.5°E 生成,当时为热带风暴;16 日 14 时发展成强热带风暴,逐步靠近珠江口西侧;17 日 8 时加强成为台风,并于 17 日 10 时 30 分左右在斗门至台山之间登陆。登陆时中心最大风力 12 级(风速 33 m/s),台风登陆后继续向偏西方向移动。台风中心经过珠海市的斗门,中山市,江门市的新会、台山、开平、恩平,云浮市的新兴,阳江市的阳春,茂名市的信宜等 6 个市的 9 个县(市),后减弱为低气压。台风"贝姬"路径图如图 3-19 所示,台风各要素如表 3-7 所示。

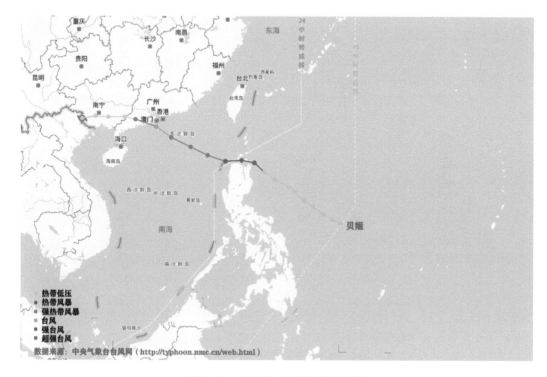

图 3-19　9316 号台风"贝姬"路径图

表 3-7　9316 号台风要素表

时间	9 月 15 日				9 月 16 日				9 月 17 日			
	02	08	14	20	02	08	14	20	02	08	14	20
N	16.6	17.3	17.9	18.7	18.9	18.8	19.3	20.0	20.8	21.7	22.3	22.5
E	125.8	124.5	123.6	122.7	121.5	120.0	118.4	116.8	115.0	113.6	117.7	110.7
风速(m/s)	15	15	15	20	20	20	25	25	30	35	25	15
气压(hPa)	1 002	1 000	1 000	995	995	990	985	985	980	975	985	995

(2) 水情

9316 号台风登陆时,适逢天文大潮期(农历八月初二日)的高潮涨潮时段。在台风的袭击下,珠江口内的中山、珠海、深圳及广州一带沿海于 17 日先后出现历史最高风暴潮位,如中山市灯笼山站潮位为 2.69 m,超过历史实测最高潮位(8908 风暴潮位 2.32 m)0.37 m,及查测最高潮位(1937 年 8 月 6 日 2.50 m)0.19 m;广州市的南沙站潮位为 2.70 m,超过实测历史最高潮位(8309 风暴潮位 2.63 m)0.07 m;深圳市的赤湾站潮位为 4.83 m,超过实测历史最高潮位(8908 风暴潮位 4.69 m)0.14 m,广州市浮标厂站潮位为 2.44 m,超过实测历史最高潮位(8309 风暴潮 2.42 m)0.02 m;黄埔港站潮位为 2.38 m,超过实测历史最高潮位(8905 风暴潮位 2.29 m)0.09 m。

从增水情况看,台风登陆期间正值天文大潮期的涨潮时段。从台风登陆点至 200 km 以外的东海岸,其位置处于台风中心的右半圆地区,吹东风、东南风,吹向岸风且风力大而持续时间长,把大量海水吹向海岸,堆积形成异常增水。例如,汕尾海洋站 9 月 17 日 5 时开始出现增水现象,7 时风暴增水最大达 0.70 m,9 时减水。黄埔港黄埔潮位站 9 月 17 日 10 时出现增水现象,13 时风暴最大增水达 1.10 m。深圳市赤湾海洋站 9 月 17 日 7 时开始出现增水现象,11 时风暴最大增水为 1.22 m。

图 3-20—图 3-23 为 9316 号台风赤湾站、黄埔站、灯笼山站、三灶站潮位及增水过程,更多站点数据如表 3-8 所示。

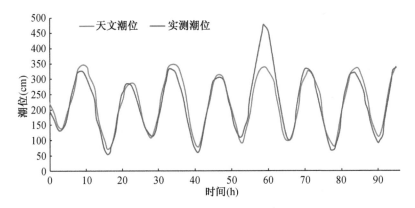

图 3-20　9316 号台风赤湾站潮位及增水过程

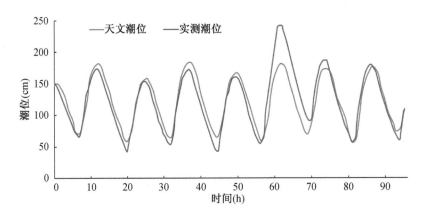

图 3-21　9316 号台风黄埔站潮位及增水过程

(3) 风暴潮灾害情况

9316 号台风风暴潮潮位高,在风暴潮和向岸浪的冲击下,沿海一些海堤漫顶进水或溃决,给珠海市和台山市造成严重灾害,中山、新会等 6 市 9 县也不同程度受灾。据有关部门统计:广东省全省有 22 个县的 204 个乡镇受灾,受灾人口达 470 万人,死亡 7 人,倒塌房屋

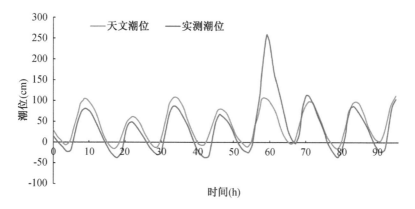

图 3-22　9316 号台风灯笼山站潮位及增水过程

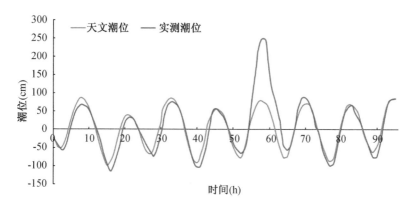

图 3-23　9316 号台风三灶站潮位及增水过程

7 000 多间,损坏房屋约 5 万间,受灾农作物 15.2 万 hm²,死亡家禽 154 万只,一批水利工程遭受破坏,特别是海堤受到严重损坏。全省国民经济直接损失为 15.22 亿元,其中农林牧渔业损失 7.67 亿元,水利设施损失 1.24 亿元。大湾区的主要受灾城市灾害情况如下。

珠海市:珠海市是台风正面登陆地点,台风登陆正值天文大潮期,给珠海市造成巨大的损失。三灶站 9 月 17 日 10 时 30 分的最高潮位 2.56 m,超出当地警戒水位 1.06 m,仅比历史最高潮位低 0.04 m,高潮增水和最大增水均为 1.72 m。珠海西区三灶湾大堤全面过水,一片汪洋,与澳门隔海相望的湾仔港大街上水深齐腰,全市有多人受伤,1 人死亡。

中山市、江门市:由于发生风暴潮适逢涨潮时刻,造成潮涌浪高,灯笼山站的最高潮位超过历史最高纪录。江门、中山两市堤防决口达 700 余处,决口长 29 km,损坏堤防约 250 km。中山市横门等地新垦堤外、大堤外小围基本漫坝或崩决,其中横门镇全镇浸水,沙朗镇 3 人受伤,1 人死亡。

深圳市:深圳宝安机场堤顶高程当年设计标准为 50 年一遇高潮位,在此次风暴高潮位和台风浪的共同作用下,发生了严重的海水漫堤事件。

广州市:珠江水一度漫过市区的堤岸,部分地段街道被淹,17 日中午 01 时恰遇天文高潮,从海珠桥以东到沿江路,水深 0.6 m 至 0.7 m,其中北京南路、天字码头路面水深近 1 m。广州中大站 17 日 14 时 20 分最高潮位 2.54 m,超过历史最高潮位。黄埔港 17 日 13 时 30

表3-8　9316号台风各站潮位及最大增水

潮位站			实测最高潮位					过程最大增水				警戒水位	历年最高潮位					资料年限
站名	纬度(N)	经度(E)	月	日	时:分	潮高	高潮增水	月	日	时:分	增水值	警戒水位	年	月	日	时:分	潮位值	
汕尾	22°45′	115°21′	9	17	09:52	246	36	9	17	07:00	70	310	1971	7	22	10:40	337	1956—1993
赤湾	22°28′	113°51′	9	17	11:07	483*	122	9	17	11:07	122	415	1989	7	18	07:57	469	1986—1993
大万山	21°56′	113°43′	9	17	09:03	378	80	9	17	09:03	80		1989	7	18	07:40	416	1984—1993
中大	23°06′	113°18′	9	17	14:20	254*						150	1983	9	9	15:20	252	1960—1993
黄埔	23°06′	113°06′	9	17	13:30	238*	106	9	17	13:00	110	150	1989	7	18	10:20	229	1949—1993
灯笼山	22°14′	113°14′	9	17	11:10	269*	165	9	17	11:10	165	150	1991 1989	7 7	24 18	08:40 08:00	232 232	1958—1993
三灶	22°02′	113°24′	9	17	10:30	256	172	9	17	10:30	172	150	1989	7	18	07:00	260	1964—1993
黄冲	22°18′	113°18′	9	17	13:30	204	106	9	17	14:00	154	150	1989	7	18	10:15	244	1958—1993
闸坡	21°35′	111°35′	9	17	10:41	371	17	9	17	15:00	33	415	1972	11	8	21:31	461	1957—1993
湛江	21°10′	110°24′	9	17	11:45	416	−12	9	17	19:00	55	520	1980	7	22	20:30	709	1947—1993
硇洲	20°54′	110°37′	9	17	11:29	380	−9	9	17	19:00	24		1980	7	22	22:28	565	1954—1993
南渡	20°52′	110°10′	9	17	12:30	190	23	9	17	20:00	58	300	1980	7	22	20:23	594	1955—1993
备注			潮位值均从当地水尺记录零点起算 单位:cm *为超过历史最高潮位															

分最高潮位 2.38 m,超过历史最高潮位 0.09 m,相当于 35 年一遇水位。芳村区上市路等街方圆 1 万多 m²,近 2 千户民房被水浸,不少家庭电器、家具、衣物等受损坏。

香港特别行政区:因灾 1 人死亡,130 人受伤,10 艘小艇损坏。

3.3.2　0814 号台风"黑格比"风暴潮过程

(1)"黑格比"台风概述

2008 年第 14 号热带风暴"黑格比"于 9 月 19 日晚上在菲律宾以东的西北太平洋洋面上生成,22 日下午 5 时加强为强台风,中心位于我国台湾地区恒春市以南大约 280 km 的海面上。24 日 6 时 45 分在广东原电白县(现电白区)陈村镇沿海登陆,登陆时中心附近最大风力有 15 级(48 m/s)。10 时减弱为台风,下午减弱为热带风暴。其路径图如图 3-24 所示。

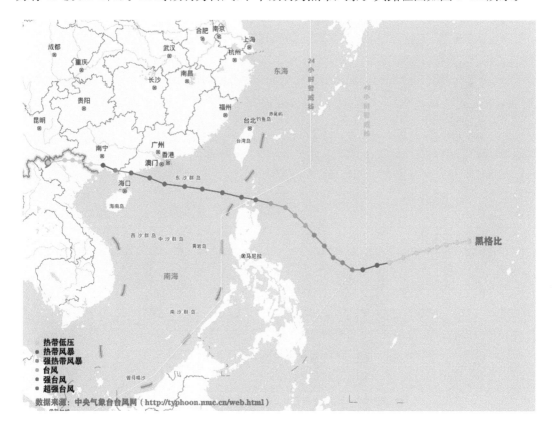

图 3-24　0814 号台风"黑格比"路径图

(2)水情

0814 号强台风"黑格比"在珠江口及其以西沿海掀起最大浪高为 13.70 m 的狂涛。受"黑格比"影响,广东省沿海有 23 个站最大增水超过 1.00 m,其中有 6 个站最大增水超过 2.00 m,北津站增水最大,达 2.56 m,香港有 3 个站最大增水超过 1.00 m,大埔滘站最大增水 1.77 m。珠江口各主要潮位站均出现历史最高潮位,其中黄金站最高潮位 2.98 m,达到千年一遇高潮位;白蕉站最高潮位 2.70 m,达到 200 年一遇高潮位。沿海有 15 个站的最高潮位超过当地警戒潮位,北津站最高潮位超过当地警戒潮位 1.59 m,最高潮位超过当地警戒潮位 1.00 m 以上的站还有泗盛围站、灯笼山站、三灶站和闸坡站,黄埔、南沙、灯笼山、三灶、黄金、北津等站最高潮位均创历史纪录。香港维多利亚港和大屿山一带海域的潮位上升 1.4～1.6 m,加上正值天文高潮,维多利亚港最高潮位 3.53 m(当地平均海平面以上 2.23 m)。香港大埔滘站、尖鼻咀站、鲗鱼涌站在平均海平面以上的最高潮位分别为 2.47 m、2.40 m 和 2.23 m。东莞市沿海各区、镇潮(水)位普遍创历史新高,麻涌镇潮位 2.78 m,高于历史最高水位 0.15 m;洪梅镇潮位 2.90 m;虎门镇潮位 2.80 m;沙田镇潮(水)位 2.80 m;望牛墩镇潮(水)位 2.78 m;长安镇潮(水)位 2.70 m;道滘镇潮(水)位 2.54 m。

0814 号台风黄埔站、灯笼山站、三灶站、北津站潮位及增水过程如图 3-25—图 3-28 所示,沿海各潮位站实测最高水位及最大增水统计如表 3-9 所示。

(3) 风暴潮灾害情况

台风"黑格比"登陆时正逢天文高潮,引发了珠江口及粤西沿海特大风暴潮灾害。因灾共死亡(失踪)26 人,直接经济损失 132.74 亿元,其中广东省 118.25 亿元,广西壮族自治区 13.97 亿元,海南省 0.52 亿元。

广东省茂名、阳江、湛江、珠海、中山、江门 6 个市 32 个县(市、区)344 个乡镇的 652 万人受灾,22 人死亡,4 人失踪;1.53 万间房屋倒塌;4.097×10^5 hm² 农作物受灾,$5.535\ 4 \times 10^4$ hm² 水产养殖受灾;524 处海堤决口,长 52 km;744 km 海堤损坏;971 艘渔船沉没,3 093

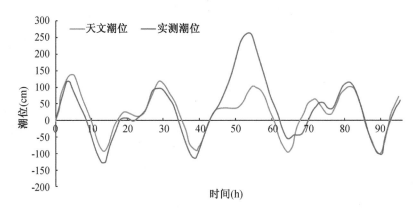

图 3-25　0814 号台风黄埔站潮位及增水过程

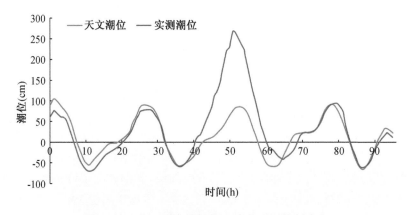

图 3-26　0814 号台风灯笼山站潮位及增水过程

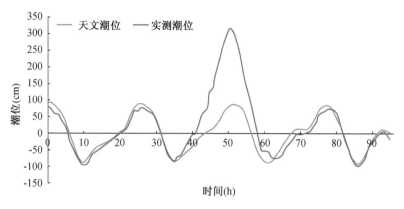

图 3-27 0814 号台风三灶站潮位及增水过程

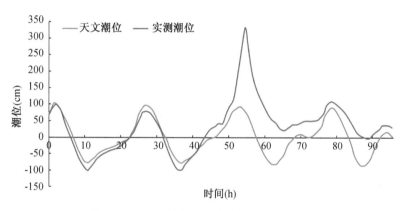

图 3-28 0814 号台风北津站潮位及增水过程

表 3-9 0814 号台风期间沿海潮位站实测最高水位及最大增水统计(单位:m)

站名	站址	实测最高水位	出现时间	过程最大增水	出现时间	历史实测高水位
官冲	江门市新会区古井镇官冲村	2.75	24 日 5:25	1.80	24 日 5:25	2.50
三灶	珠海市金湾区三灶镇草塘村	2.73	24 日 2:40	1.88	24 日 3:00	2.69
灯笼山	中山市坦洲镇永合村	2.73	24 日 3:00	2.06	24 日 3:00	2.69
横门	中山市火炬开发区东利村	2.79	24 日 4:00	2.1	24 日 3:00	2.66
南沙	广州市番禺区南沙镇牛头村	2.72	24 日 4:30	2.01	24 日 3:00	2.7
黄埔	广州市黄博港外贸仓侧	2.67	24 日 5:20	2.04	24 日 4:00	2.38
赤湾	深圳市赤湾港	2.2	24 日 3:00	1.67	24 日 2:00	2.23
港口	惠州市惠东县宝口镇	1.42	24 日 1:00	0.97	23 日 23:00	1.69

艘渔船损坏,粤西地区养殖渔排损毁殆尽,渔业损失惨重。其中,大湾区的损失主要如下。

东莞市沿海各区、镇出现不同程度淹水,其中万江区流涌尾淹水最深达 1 m;道滘镇因水利工程改造,多处堤围出现决口,淹水最为严重;蔡白村上口组和南城村沉州堤围决口,南城村沉州 140 人被水围困;九曲村堤围出现决口;沙田铺立沙联围决口,长 20 m。另据市民来电反映:望牛墩镇、虎门镇大部分地区受淹;沙田镇稔洲村积水深 0.5 m;厚街镇南阁大桥附近和中堂镇四乡村也均遭受水浸。

珠海市大约有 155 间房屋损毁,受灾群众达到 4 万人,受灾农作物面积达 4.8×10^3 hm^2,其中以斗门、金湾两区受灾最重。香洲区海霞新村积水深近 2 m,横琴中心沟西堤几乎决堤,危及 7 个自然村。斗门区、金湾区海堤出现大面积海水漫堤,斗门区井岸镇黄金水闸内堤、禾丰水闸北堤,金湾区鸡啼门上段、平沙十一沟等堤段出现多处崩塌、缺口。全市直接经济损失近 5 亿元。

江门市 228 处堤防损坏,长 79.3 km;200 处堤防决口,长 6.5 km。全市水利设施直接经济损失约 1.6 亿元,其中台山市水利设施损失约占全市的 70%。台山市沿海养殖堤围几乎全部遭遇海水漫堤,水产养殖受灾面积达 1.077×10^4 hm^2;6 km 公路路基毁坏;台山市直接经济损失 5 亿多元。新会区三江镇大部分农田、住宅区、道路水浸严重,交通曾一度与外界中断。

广州市 14 个乡镇 99 个行政村受淹,广州外江堤围 193 处出现海水漫堤,1.02×10^4 hm^2 农作物受灾。

香港特别行政区近岸低洼地区包括九龙东面的鲤鱼门和大屿山西端的大澳等地被海水淹没,大澳部分地区淹水深达一层楼高。58 人因灾受伤,10 艘小艇毁坏或翻沉。

3.3.3 1713 号台风"天鸽"风暴潮过程

(1)"天鸽"台风概述

2017 年第 13 号热带风暴"天鸽"于 8 月 20 日 14 时在我国台湾地区鹅銮鼻东南方向约 760 km 处的西北太平洋洋面上生成,随后向偏西方向移动,22 日 8 时加强为强热带风暴,22 日 15 时加强为台风,23 日 7 时加强为强台风。23 日 12 时 50 分,"天鸽"在广东珠海市金湾区沿海地区登陆,登陆时中心附近最大风力 14 级(45 m/s),中心最低气压950 hPa。"天鸽"登陆后继续向西偏北方向移动,强度逐渐减弱,23 日 15 时减弱为台风,18 时减弱为强热带风暴,22 时减弱为热带风暴,24 日 14 时在广西百色市境内减弱为热带低压,中央气象台于 24 日 20 时对其停止编号。台风"天鸽"实时数值及路径见表 3-10及图 3-29。

表 3-10　台风"天鸽"实时数值表

时间轴	8 月 20 日 2 时	8 月 20 日 14 时	8 月 21 日 19 时	8 月 22 日 8 时	8 月 22 日 14 时
台风状态	台风胚胎	台风生成	孕育成长	孕育成长	孕育成长
风力	7 级	8 级	9 级	10 级	11 级
等级	热带低压	热带风暴	热带风暴	强热带风暴	强热带风暴

续表

时间轴	8月22日15时	8月23日5时	8月23日7时	8月23日10时	8月23日12时50分
台风状态	台风形成	发展壮大	发展壮大	发展壮大	台风极值
风力	12级	13级	14级	15级	15级
等级	台风	台风	强台风	强台风	强台风
时间轴	8月23日13时	8月23日15时	8月23日16时	8月23日18时	8月23日19时
台风状态	逐步减弱	逐步减弱	逐步减弱	逐步减弱	逐步减弱
风力	强台风	台风	台风	强热带风暴	强热带风暴
等级	14级	13级	12级	11级	10级
时间轴	8月23日22时	8月24日4时	8月24日14时	8月24日17时	
台风状态	逐步减弱	逐步减弱	逐步减弱	台风消亡	
风力	热带风暴	热带风暴	热带低压	热带低压	
等级	9级	8级	7级	7级	

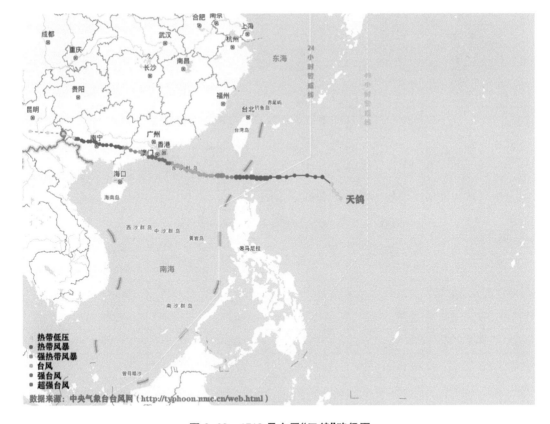

数据来源:中央气象台台风网(http://typhoon.nmc.cn/web.html)

图 3-29 1713 号台风"天鸽"路径图

(2)水情

受台风影响,8月22—24日,珠江流域中南部自东向西出现一次较强降雨过程(图3-30),红河中下游、南北盘江、红水河中下游、黔浔江、西江下游、左右江、珠江三角洲、粤东沿海、雷州半岛等地累积面雨量 50～100 mm,郁江、浔江支流北流河、粤西沿海大部、桂南沿海等地累积面雨量100～250 mm。经统计,累积降雨量超过 50 mm 的笼罩面积为 36.1 万 km²,约占珠江流域片面积的 57%;累积降雨量超过 100 mm 的笼罩面积为 9.4 万 km²,约占珠江流域片面积的 15%。较大累积点雨量站:广东茂名市高州市干河口站(401 mm)、广东江门市台山市广海站(363 mm)、广西钦州市钦北区南间站(351 mm)。

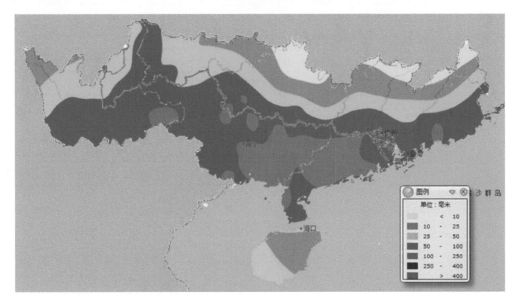

图 3-30　8 月 22 日 8 时至 8 月 25 日 8 时珠江流域降雨量分布

受"天鸽"风暴增水和天文大潮共同影响,珠江三角洲东四口门区域的洪奇沥水道冯马庙站、蕉门水道南沙站、横门水道横门站、东莞水道泗盛围站、珠江前航道中大站和黄埔站、深圳湾赤湾站共 7 站出现超历史实测最高潮位(表 3-11)。

表 3-11　"天鸽"台风期间珠江三角洲潮位统计　　单位:m

站名	河流	最高潮位出现时间	实测最高潮位	警戒潮位	超警戒	历史实测最高潮位	超历史最高潮位
冯马庙	洪奇沥水道	08/23 14:25	3.60	—	—	3.41	0.19
赤湾	深圳湾	08/23 12:50	2.49	1.55	0.94	2.23	0.26
泗盛围	东莞水道	08/23 15:15	3.08	1.90	1.18	2.55	0.53
中大	前航道	08/23 15:50	2.81	1.50	1.31	2.77	0.04
黄埔	前航道	08/23 15:30	2.86	1.90	0.96	2.67	0.19
南沙	蕉门水道	08/23 13:55	3.13	1.90	1.23	2.72	0.41
横门	横门水道	08/23 13:25	3.03	2.00	1.03	2.79	0.24

(3) 风暴潮灾害情况

受台风"天鸽"影响,广东、广西、云南、福建四省(区)共死亡13人,有52.6万人受灾,倒塌房屋 6 491 间,转移人口 53.52 万人,70.6 万亩农作物受灾,44 处堤防损坏,13 处堤防决口,52 处护岸损坏,1 座水电站损坏;直接经济损失 118.26 亿元,其中水利设施直接经济损失 3.366 3 亿元。珠海和澳门为受台风"天鸽"影响最大的城市。

珠海:台风"天鸽"引发严重的风暴潮灾害,潮水位漫过联围破坏堤防,损毁穿堤建筑物,受损堤防 34.2 km、水闸 11 座,受潮水顶托影响全市(尤其是市区)排水困难,城区出现严重水浸现象。台风还对在建水利工程造成严重破坏,摧毁临时搭建的工棚、脚手架等建筑物,淹没或冲毁基坑、边坡、道路等。台风"天鸽"共造成 2 人死亡,275 间房屋倒塌,全市 3 万亩农作物受灾;大部分地区出现停水停电,部分道路因为树木倒伏通行受阻,直接经济总损失 55 亿元。

澳门:台风"天鸽"共造成 10 人遇难,244 人受伤,直接经济损失 83.1 亿元(澳门元),间接经济损失 31.6 亿元(澳门元)。

3.3.4 1822 号台风"山竹"风暴潮过程

(1)"山竹"台风概述

2018 年第 22 号台风"山竹"于 9 月 7 日 20 时在西北太平洋洋面上生成,生成后以 30 km/h 左右的速度向偏西方向移动,9 日 2 时加强为强热带风暴,8 时加强为台风,10 日 20 时加强为强台风,11 日 8 时加强为超强台风,15 日 2 时 10 分前后在菲律宾吕宋岛东北部沿海登陆,登陆时中心附近最大风力 17 级以上(65 m/s),中心最低气压 910 hPa,9 时减弱为强台风。"山竹"向西穿过菲律宾吕宋岛,于 15 日上午进入南海后以 30 km/h 左右的速度向西偏北方向移动,16 日 17 时在广东省台山市海宴镇登陆,登陆时中心附近最大风力 14 级(45 m/s),中心最低气压 955 hPa。"山竹"登陆后强度逐渐减弱,16 日 20 时减弱为台风,17 日 4 时减弱为强热带风暴,7 时减弱为热带风暴,14 时减弱为热带低压,此后继续向西偏北方向移动,强度进一步减弱,已很难确定其环流中心,中央气象台 17 日 20 时对其停止编号。"山竹"台风移动路径见图 3-31。

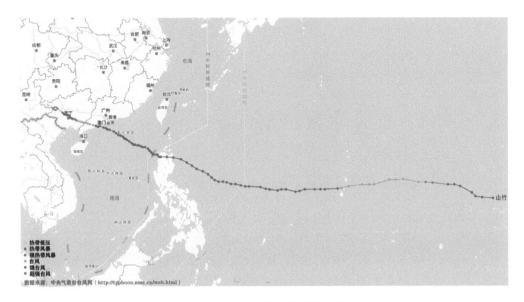

图 3-31 1822 号台风"山竹"路径图

（2）水情

受台风"山竹"影响，9月16—17日，流域中东部出现一次强降雨过程，红水河中下游、黔浔江、柳江大部、左江、右江中下游、郁江、桂江下游、贺江、北江大部、东江中游、珠江三角洲局部、韩江部分地区、粤东沿海、粤西沿海西部、桂南沿海、海南南部等地累积降雨50～100 mm，西江下游、柳江部分地区、浔江支流北流河、东江下游、珠江三角洲大部、粤西沿海东部、海南南部局地累积降雨100～250 mm，粤西沿海局地累积降雨250～400 mm（图3-32）。较大累计点雨量站：广东茂名信宜市大田顶站（478 mm）、广东阳江阳春市河朗站（462 mm）、广东江门台山市北帽山站（450 mm）。

短历时强降雨主要发生在珠江三角洲、粤西沿海等地。

1小时雨量较大的有：深圳市大鹏新区南澳街道七星湾站（92.1 mm），江门台山市汶村镇鹅斗站（88.0 mm），茂名信宜市钱排镇人浓坝站（76.0 mm）。

3小时雨量较大的有：江门台山市汶村镇鹅斗站（190.5 mm），阳江市阳东区东城镇东城站（169 mm），江门市新会区崖门镇扫管塘站（166.2 mm）。

6小时雨量较大的有：茂名信宜市新宝镇新宝圩站（240.7 mm），茂名信宜市大成镇大田顶站（238.2 mm），阳江阳春市三甲镇长沙街站（237.5 mm）。

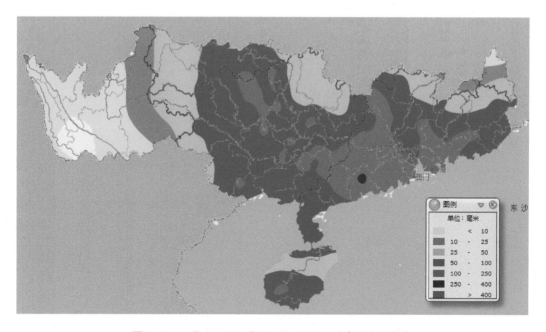

图3-32　9月16日8时至9月18日8时珠江降雨分布

由于"山竹"的登陆点正位于珠江口以西的位置，而台风右半圆风力较大，非常有利于珠江口沿海增水。根据珠江三角洲各站实测潮位资料，"山竹"期间，东江三角洲大盛、泗盛围，北江三角洲老鸦岗、浮标厂、中大、大石、黄埔、三沙口，西江三角洲竹银、白蕉、横门，以及珠江河口南沙、万顷沙西、横琴、三灶等多个站点潮位达到历史新高。三灶站、横门站、万顷沙西以及澳门内港站最高潮位分别达到3.37 m、3.29 m、3.32 m和3.00 m。广东沿海24个潮位站超警0.09～1.78 m，其中珠海白蕉、广州中大等12个潮位站超历史纪录0.04～0.56 m。

　　另外,16日下午至夜间,广东惠州到阳江一带沿海地区出现1～1.8 m的风暴增水,珠江口附近增水达2～3.4 m。选取广州万顷沙西、南沙和澳门内港三个站点来分析(图3-33—图3-35),三个站风暴增水最大值分别为3.04 m、2.84 m和2.91 m,其中万顷沙西、南沙最大风暴增水发生在16日18时,澳门内港发生于15时。

　　台风"山竹"典型站潮位统计见表3-12。

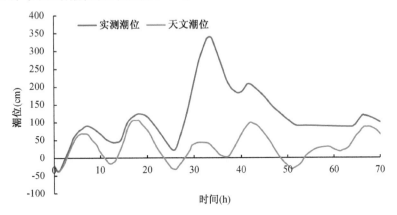

图3-33　1822号台风万顷沙西站潮位及增水过程

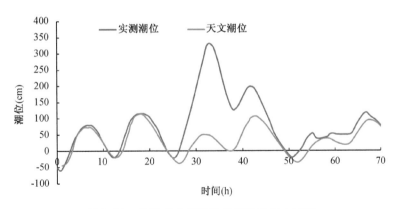

图3-34　1822号台风南沙站潮位及增水过程

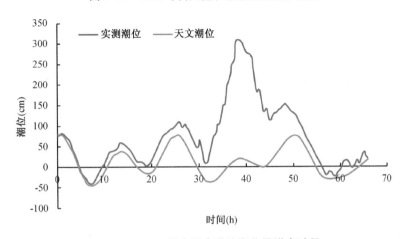

图3-35　1822号台风内港站潮位及增水过程

表 3-12　台风"山竹"潮位统计表　　　　　　　　　　　单位:m

站名	时间	最高潮位	最大过程增水	警戒潮位	超警	重现期	历史实测最高潮位
东溪口	5:55	1.57	1.23	1.50	0.07		3.17
海门	5:25	1.33	1.23	1.30	0.03		2.69
港口	14:15	1.44	1.48	1.10	0.34		1.69
赤湾	17:15	2.56	2.38	1.55	1.01	超百年一遇	2.63
泗盛围	18:10	3.23	2.28	1.80	1.43	超百年一遇	3.08
大盛	17:50	2.98	2.11	—	—	超百年一遇	2.88
黄埔	19:00	3.07	2.67	1.90	1.17	超百年一遇	2.86
中大	19:35	3.28	2.79	1.50	1.78	超百年一遇	2.81
南沙	17:50	3.19	2.84	1.90	1.29	超百年一遇	3.13
横门	17:55	3.29	2.96	2.00	1.29	超百年一遇	3.02
竹银	18:50	2.70	2.46	1.90	0.80	超百年一遇	2.62
灯笼山	16:40	2.77	2.50	2.00	0.77	超百年一遇	2.94
三灶	16:05	3.37	3.23	1.80	1.57	超百年一遇	3.23
黄金	16:25	2.86	2.62	1.80	1.06	超百年一遇	2.71
西炮台	19:50	2.38	2.42		0.58		2.95
官冲	20:40	2.44	2.44	1.80	0.64	近五十年一遇	2.84
白蕉	17:20	2.75	2.52	1.80	0.95		2.43
长沙	22:25	2.98	2.99	2.00	0.98		2.66
石咀	21:35	2.70	2.70	1.60	1.10	超百年一遇	2.53

（3）风暴潮灾害情况

第 22 号台风"山竹"（超强台风级）发展过程中中心附近最大风力达 17 级以上（65 m/s），中心最低气压 910 hPa，七级风圈半径 350～600 km，十二级风圈半径 80～90 km。"山竹"引发海水倒灌、城乡积涝，4 人死亡，直接经济损失约 140 亿元，是历史上登陆大湾区影响范围最广、持续时间最长的台风。

台风"山竹"带来的风暴潮，致使珠江水位暴涨，珠江广州段水位达到 300 年一遇的历史高位。沿江市场、小区、道路均出现不同程度水浸，树木大量被台风连根拔起，路面一片狼藉。截至 16 日 23 时，全市共转移危险区域人员 60 873 人，开放避护场所 1 073 个，2 086 条渔船全部回港。关停景区 93 个，关停工地数 4 904 个，停运部分地铁线路，取消白云机场 16 日 12 时至 17 日 08 时所有航班，投入救援人数共 20 499 人。

江门市转移撤离 10.08 万人，开放避护场所 1 458 个，投入抢险救援队伍 225 支 34 587 人。

珠海市所有企业、公共服务场所实行停工、停业、停市、停课。全市 4 048 艘渔船实现 100% 回港避风，关停工地 872 个，关停海滨泳场、沙滩、景区景点 36 个。落实 108 027 名临险人员转移工作，开放所有避护场所 276 个。累计播放预警和防御指引 1.49 亿条，发布防灾知识 2 182 万次。全市 523 名防汛抢险专家、483 支抢险队伍、98 个医疗急救队、7 050 名抢险人员全部上岗到位。

惠州市在全市范围内实行停课、停航。共组织了 200 多支 7 000 多人的应急专业抢险队伍。共转移群众 182 035 人,启用避护场所 1 410 处,关闭景区 42 处,关停建筑工地 1 249 处,渔船回港 6 925 艘。

台风"山竹"导致香港至少 458 人受伤,1 539 人入住 48 个临时庇护中心,为 1999 年台风"约克"造成 2 死 500 伤后,造成最多人受伤的台风。政府共收到至少 60 000 宗塌树报告,是史上塌树新高;46 宗水浸报告及 1 宗山泥倾泻报告。

澳门特别行政区从 15 日晚 9 点至 17 日凌晨,共录得 376 宗事故报告,包括建筑物损毁、脱落,树木棚架广告牌倒塌等,还有 19 宗水浸和 17 宗火警等事故。16 日下午澳门部分区域,如澳门半岛内港至青洲低洼地水浸情况比较严重,在内港曾录得 1.9 m 左右的水位,之后逐渐回落,晚上 11 点水位基本退去,很多垃圾和障碍物露出路面。台风"山竹"共造成 18 人受伤,无人死亡。

台风"山竹"风暴潮增水不仅造成海水淹没土地,而且淹没持续时间长,另外在深圳大、小梅沙以及惠州大亚湾等区域,由于高潮位下海浪推沙造成大量泥沙上岸,大量泥沙覆盖在近岸为历史罕见,给灾后恢复重建带来较大的困难。

3.4　大湾区典型防潮工程介绍

3.4.1　南沙灵山岛超级堤

灵山岛是广州市南沙新区 CEPA 及南沙自贸区先行先试综合示范区起步区的一部分,该岛岛尖位于京珠高速、灵新大道、蕉门水道包围区域,为了打造一个环境质量优良、人居环境优美、生态文明发达的滨海灵山新城,需要通过在灵山岛沿外江海岸设置一道城市与自然和谐相处、特色有活力的滨海休闲景观带,做到城水相融,人水和谐共处,营造安全、静谧、可持续的自然生态环境。

工程超级堤北岸滨海景观带总长 3.054 km(宽度 60～130 m,为 I 级堤防),2014 年 12 月正式开工建设,2018 年 12 月完工,历时 4 年;该工程的设计防洪标准为 200 年一遇。

工程在设计原则上具有以下特色:采用从传统海岸堤防演变为滨海景观生态超级堤防的结构创新理念;坚持以生态优先和人水和谐为原则,建设水生态文明的休闲滨水海岸;建筑物结合地形条件,融合周围景观;合理实施施工措施,注重生态环境保护,勇于创新,积极推广新技术、新工艺。针对珠江河口防灾减灾,对防风暴潮生态海堤提出三项全新关键技术:多级消浪平台技术、海堤迎水面生态护坡结构技术及堤脚滩涂潮间带生态植被技术,三项技术均已成功应用于广州灵山岛超级堤滨海景观带海堤建设,效果如图 3-36 和图 3-37 所示。

(1)多级消浪平台技术

广州灵山岛通过多级景观平台进行消浪,降低传统海堤堤顶高程。在消浪上的创新理念是改变传统海堤防浪墙对海浪"挡"和"抗"的硬对硬模式,采用"通"和"排"的以柔克刚衔接包容模式,对越浪海水采用"外水外排,内水内排"的设计理念(图 3-38)。灵山岛海堤通

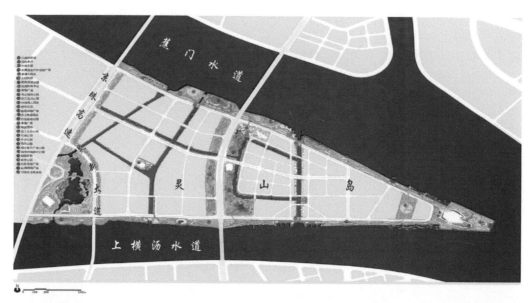

图 3-36　南沙灵山岛超级堤平面及效果图

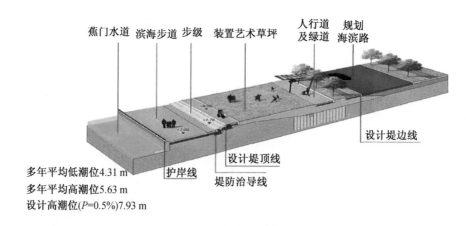

多年平均低潮位4.31 m
多年平均高潮位5.63 m
设计高潮位(P=0.5%)7.93 m

图 3-37　灵山岛超级堤断面效果图

过多级消浪平台后,使海堤堤顶高程比传统设计上的堤顶高程降低约 2 m。

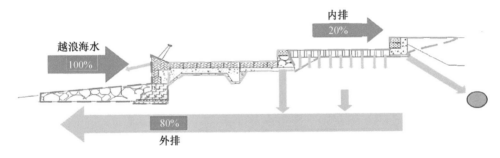

图 3-38 灵山岛超级堤排水示意图

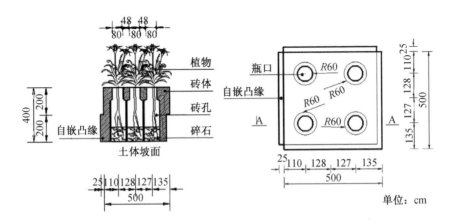

图 3-39 抗海浪新型护坡设计图

(2)抗海浪新型护坡技术

工程创新使用的护坡材料是自嵌式瓶孔骑缝方砖,这种材料不但可以让海水越浪区的消浪防冲能力满足工程安全需要,而且地面还能植草绿化,既能满足抗浪护坡及生态景观建设需求,还能为海边微小爬行生物提供栖息地(该材料经受住了"山竹"及"天鸽"台风的考验)。详见图 3-39 和图 3-40。

图 3-40 抗海浪新型护坡

(3)堤脚滩涂潮间带生态消浪技术

我国很多新建海堤工程为防止护脚被海浪淘刷,往往采用大块石、抛石或干砌石等硬性结构进行护脚,在低潮位时候往往裸露在堤外,破坏了近岸湿地系统,既不美观也不生态。

通过在块石护脚范围恢复植被并构建滩涂潮间带生境,护滩促淤和创新使用潮间带生态袋固定技术,利用低潮位施工,构建固定网格结构的生态绿化植物带,实施后既能起到生态消浪作用,又能为海洋浮游生物提供栖息地(图3-41)。

图 3-41　堤脚滩涂潮间带生态消浪区

3.4.2　挡潮闸

当河口天文高潮和风暴潮叠加,又遭遇上游洪水下泄及河口地区暴雨时,将发生洪、涝、潮三碰头,河口及三角洲地区将遭受特大洪涝灾害。降低河口地区受风暴潮灾害损失及影响风险,需以预防措施为主。在河口区域建设水闸或者提高海堤高程,是预防临水区域风暴潮灾害的有效措施。

（1）澳门内港挡潮闸

内港海旁区洪涝灾害存在受灾频率高、受灾范围大、受灾程度严重等特点。近年来,随着城市化发展,下垫面硬化加快了降雨产汇流速度,导致洪峰增高和峰现时间提前,区内滞涝水量增加,澳门内港海旁区水淹灾害更甚,受淹情况几乎每年出现。澳门内港挡潮闸位置如图3-42所示。

2017年8月23日1713号台风"天鸽"在广东珠海南部沿海登陆,正面袭击澳门,最大阵风达17级,澳门悬挂自回归以来的首个十号风球。"天鸽"给澳门全域带来极大灾害,受其影响,澳门海陆空交通中断,海水倒灌,水电系统受重创,全澳大范围停电,临海高楼玻璃破损,低层住宅被水淹没。澳门水浸3.4 km²,占澳门半岛总面积的36.6%。台风造成澳门10人遇难,超过200人受伤。台风吹袭期间适逢天文大潮,风增水现象明显。内港一带及青州等地区水浸严重,最高水深2.58 m。据统计,台风"天鸽"给澳门造成了114.7亿澳门元的经济损失。"天鸽"期间澳门水浸范围如图3-43所示。

提高沿岸堤防标准的方案在澳门不具备可实施性,而挡潮闸方案近期实施性较好。通过建设内港挡潮闸工程解决由风暴潮、天文大潮引起的水浸灾害问题,可以控制湾仔水道水位在1.67 m(近期1.37 m)以下,有效解决澳门内港海旁区的水患问题。

（2）白龙河挡潮闸

白龙河位于西江磨刀门西侧,三灶水文站东侧,原与磨刀门相通。近年来白龙河由于东侧围垦,现仅通过鹤洲水道与磨刀门相连,在南侧龙屎窟处与外海连通,变成南侧开口的封闭水域,呈喇叭口形。白龙河地理位置及水域形势如图3-44所示。风暴潮进入白龙河后,在北侧受白藤水闸阻断,易产生壅水效应,风暴潮在白龙河内持续时间长,潮灾比磨刀门河口更严重。在9316号台风期间,实测白藤大闸外潮位比三灶站高0.86 m,三灶、鹤洲北海堤全部漫顶。0814号台风期间,三灶站潮位高达3.43 m,白龙河两岸水位升高,损失更严重。

图 3-42　澳门内港挡潮闸位置图

图 3-43　"天鸽"期间澳门水浸范围图

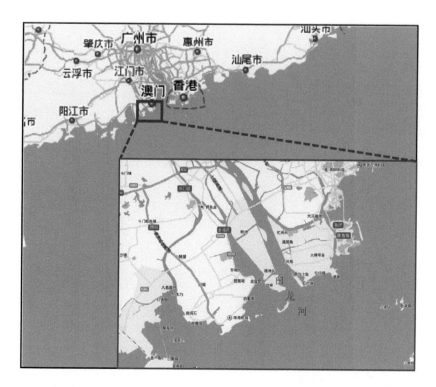

图 3-44　珠江河口白龙河地理位置及水域形势图

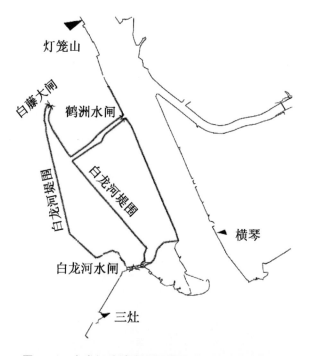

图 3-45　白龙河流域预防风暴潮灾害的措施布局图

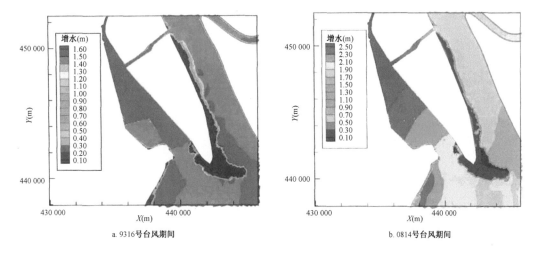

a. 9316号台风期间   b. 0814号台风期间

图 3-46   风暴潮期间白龙河河道内最大增水包络图

    白龙河流域预防风暴潮灾害措施如图 3-45 所示,并对水闸建设后河道内最大增水进行数值模拟。根据数值模拟结果可知 9316 号台风风暴潮期间,水闸建设后白龙河水域平均增水减少至 0.37 m;0814 号台风风暴潮期间平均增水减少至 0.62 m。另外与水闸相邻却不受水闸保护的水域内增水范围扩大,增水值也增大;9316 号台风期间增水值增大 0.067 m, 0814 号台风期间增水值增大 0.152 m。总体而言,水闸建设阻断了感潮水域与外海的自然连通,外海增水和暴潮不再影响水闸保护水域,其减灾效应是全方位的。

3.4.3   堤防断面改造

    广州市珠江堤防经过多年整治,防洪潮体系已基本形成,但中心城区部分堤防因景观及亲水的需要,不允许有过高的类似城墙的堤防将人、水隔开,无法通过重建堤防使之达到 200 年一遇设计洪(潮)水标准。近年来由于极端天气频发,珠江三角洲受台风、风暴潮影响日渐加剧,为提升抵御台风、风暴潮等自然灾害的能力,相关部门对广州市珠江堤防进行封闭加固及达标提升,其中就包括加装钢化玻璃。对于堤防安全超高未完全达到规划要求的堤岸,在多种方案论证的基础上,采取在现有花岗岩栏杆镂空部分加装玻璃挡板(8 mm＋ 8 mm 的钢化夹胶玻璃)的改造措施,使堤防达到规划堤顶高程,总长度约 30 km,目前已经基本完工(图 3-47)。在栏杆镂空部分加装钢化玻璃的优点是不破坏现有人行道,工期短,施工对市民日常生活影响小,美观大方,造价经济,挡水效果好且视野无阻挡。给护栏加装钢化玻璃后,防洪顶高层达到约 3.7 m,比原来增加了约 50 cm,大大增加了两岸堤防防洪(潮)能力。

    除了加装防洪玻璃外,针对不同情况有不同措施:对堤防已整治,但部分段堤顶超高未达到规划要求的,如果无栏杆或透水栏杆,新建或更换成可防浪的花岗岩栏杆;亲水平台、临水阶梯等则采用新建"花基(石凳)＋移动防洪挡板"或微地形改造的措施;对堤防未进行整治的岸线,对堤防进行达标建设;对达不到规划防洪高程的内涌与珠江堤防连接段,新建堤防或新建泵闸,使内涌与珠江堤防连接段的防洪形成闭合体系;对达不到规划防洪高程的企业及码头岸线,设置临时防洪挡板、移动式防洪挡板,或进行堤岸改造,或新建防浪墙。

图 3-47　加装钢化玻璃后的珠江堤防

3.5　大湾区防潮面临的形势

3.5.1　全球变暖导致风暴潮风险加剧

　　自 18 世纪工业革命以来,化石燃料燃烧造成全球二氧化碳排放量快速增加,最终导致 20 世纪中叶以来大气中二氧化碳浓度过高,全球气温持续快速升高。如若保持当前的二氧化碳排放速度,至 21 世纪末全球平均气温可累计升高 3℃。

　　全球变暖对台风最直接的影响是产生利于台风形成的热力学条件。如果将台风比作一台大型蒸汽机,低气压中心处温度较高的海水则为驱动这台蒸汽机的燃料。全球变暖的过程中,表层海水温度随之增加,1971—2010 年平均温度的增速为每 10 年 0.11℃。海水温度升高,意味着"燃料"一方面可以烧得更旺,另一方面能烧更久。为此台风一旦形成,强度必然加剧,这一推断已在台风观测资料中得到验证。过去 40 年在东亚和东南亚登陆的台风强度随着海水升温而提高,其中强台风和超强台风占比增加了 1 倍以上。尽管全球变暖不一定导致台风生成数量增加,但从全球尺度看,大气和海水温度的升高意味着更多的水汽携带更多的热能进入大气,风暴势必加剧,这意味着未来台风强度要比现在更大,风暴潮灾害的风险也在上升。作为直面南海的世界级湾区,粤港澳大湾区的未来将面临更大的风暴潮风险。

3.5.2　区域防潮能力与国际一流湾区有较大差距

　　大湾区有大量的土地在海平面以下,修建防洪潮堤是大湾区抵御风暴潮的主要措施。目前已建防潮堤防总长超过 4 000 km,保护人口超 1 500 万、耕地近 50 万 hm²,是区域内最为重要的风暴潮灾害防御工程。近年来,一方面大湾区适应风暴潮灾害的防御工程在逐年加固和延长,另一方面,气候变暖导致冰盖融化,海水因升温而体积膨胀,洋流格局发生改变,诸如此类的因素使得海面持续上升。21 世纪全球海面上升幅度可能达到米的量级,而未来如果格陵兰冰盖瓦解,则幅度可达数米,加之前文所述的风暴强度也由于气候变暖而提高,海平面上升和风暴加剧的双重效应导致海堤防护功能被动降低,原先高标准的防护结构在未来很快就会变为低标准。2017 年"天鸽"、2018 年"山竹"风暴潮接连刷新八大口门控制站最高潮位历史记录。广州城区"山竹"风暴潮最高潮位 3.28 m,近乎达到 1915 年乙卯水灾洪水位(3.48 m)水平,南沙、万顷沙西、横门、赤湾 100～200 年一遇设计潮位增加 0.5～0.76 m。湾区形势由之前防御西、北江洪水为主,演变为防御流域洪水与河口风暴潮双重灾害的严峻形势。

据估计,至 2030 年在珠江海平面上升 30 cm 条件下,风暴潮潮位的重现期普遍将缩短一个半等级,广州附近岸段 50 年一遇的风暴潮位将变为 20 年一遇。近期研究指出:由于海平面上升,至 2050 年,100 年一遇的极值水位的重现期将变为 10～30 年一遇;至 2100 年,1 000 年一遇的极值水位重现期将缩短为 10 年一遇,海平面上升将显著缩短极值水位的重现期。风暴潮灾害的重现期在缩短,降低了现有海堤、护岸等工程设施的防御等级。

目前,部分区域防洪(潮)标准偏低,不能满足大湾区经济发展新要求:除香港城区防洪(潮)标准规划为 200 年一遇并且达标外,其余城市规划防洪(潮)标准大多为 100～200 年一遇,低于东京湾区的 200 年一遇和美国城市 100～500 年一遇的标准,并且局部地区仍存在未达标的问题,区域防洪(潮)设防标准与国际一流湾区有较大差距,亟需重新评估现有堤防设防标准。

3.5.3 风暴潮防御手段单一,韧性发展思维不足

经过历史上反复实践和经验积累,我国风暴潮防御基本采用以海岸防护工程为主的手段,海岸防护工程大都为"灰色海堤"所主导,即以钢筋、水泥、石块为主导材料的硬结构工程。我国沿海各省市在实施各种海堤达标工程时,也是基本采用这种方式。然而在海岸带高强度开发和全球气候变暖的背景下,"灰色海堤"已暴露出其较为单一的局限性。首先,随着海岸防护需求提高,传统"灰色海堤"工程经济代价急剧上升,难以持续。由于海堤标准提高与工程造价上升两者之间并非线性关系,因此所需费用往往会超出想象。例如,为了应对风暴潮风险,美国纽约市计划到 2025 年要加固一段 8.5 km 长的海堤,每千米要花费 7 200 万美元资金;如果目前已认定的重点岸段都按此标准加固,全美国的支出将达 4 000 亿美元,而如要覆盖全部岸段,那么费用就会达到天文数字。加之,未来气候变暖引发的海面上升和风暴加剧将大大提高风暴潮灾害风险,原先高标准的防护结构在未来很快就会变为低标准。这样一来,未来海岸防护实际追加的费用会在原先基础上再大幅度提高,高标准海岸防护工程建设投入巨大。

随着沿海城市作为开放的复杂系统面临的风暴潮风险不断增加,如何提升城市风暴潮预见性和应对能力,使整个城市系统具有较好的抗压性与恢复性逐渐受到关注。以纽约湾区为例,2012 年飓风 Sandy 席卷纽约,给纽约地区带来重创,是美国历史上损失最惨重的自然灾害之一。因此为应对飓风侵袭和海平面上升等问题,纽约湾区以景观整合方式实现弹

性风暴潮防护等防灾基础设施建设作为纽约韧性城市建设的关键策略,把韧性城市建设作为长期持续的工程,让各个系统协同推进,有针对性地提出了较为完整的解决思路。

图 3-48　风暴潮前、后渲染图

　　同样为应对常年发生的风暴潮灾害,东京湾区的防护工程不局限于海堤这一单一手段,采用除此之外的突堤、消浪潜堤、阶梯式防潮护岸、海岸林等多种防潮手段抵御风暴潮带来的不利影响。荷兰西、北濒临北海,地处莱茵河、马斯河和斯海尔德河三角洲,大部分

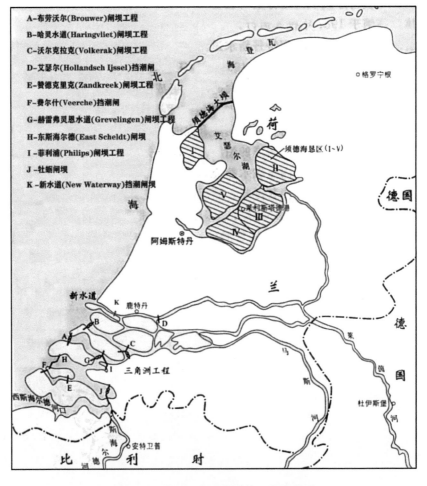

图 3-49　荷兰三角洲挡潮闸工程示意图

土地低于海平面，为应对常年遭受的北海风暴潮，开展了荷兰三角洲挡潮闸工程（Delta Storm Surge Barriers Project in the Netherlands）（图 3-49），该工程的实施完全改变了三角洲的面貌，大大提高了整个三角洲地区的防潮能力，保证了居住在这低洼之地的人们不再饱受海潮袭击之困扰，同时获得了丰富的农业用淡水资源，推动了地区经济、内河航运、旅游休闲和自然生态的发展。

我国滨海御潮手段基本以海堤防御为主，亟需采用以海堤、挡潮闸、生态湿地、柔性防护等多种方式结合的御潮手段，引入城市韧性思维以应对不断严峻的风暴潮形势。

3.5.4 风暴潮观测、预警预报能力与海洋防灾减灾的需求不匹配

海洋观测是开展海洋预警预报和防灾减灾的重要基础支撑。目前广东省海洋观测站点主要有验潮站、浮标站和观测平台，观测站（点）分别隶属于国家、广东省和地方沿海城市。根据《全国海洋观测网规划（2014—2020）》，"沿海县（市辖区）至少建设一个海洋站（点），全国海洋站（点）沿海岸线平均分布间隔在 100 km 以内，重点区域岸线间隔在 30 km 以内"，广东省沿海观测站（点）分布稀疏，与国家要求存在差距，离发达国家相邻间隔 30 km 的平均水平相距更远。而广东省受到风暴潮灾害影响较为严重，根据《中国海洋灾害公报》发布的数据，2005—2018 年广东省年平均风暴潮灾害直接经济损失占全国的 37%，其中：2008 年广东省风暴潮灾害直接经济损失占全国的 80%，2017 年广东省风暴潮灾害直接经济损失占全国的 96%，2018 年广东省风暴潮灾害直接经济损失占全国的 53%。而作为广东易受台风风暴潮影响区域之一的珠江口岸段（其余两段为雷州半岛东岸段和粤东的汕头—饶平岸段），大湾区受风暴潮的影响同样十分严重。2018 年 5 月，广东省首次开展了对海洋观测站点建设的审批工作，其后根据《海洋观测预报管理条例》《海洋观测站点管理办法》《海洋观测资料管理办法》要求，完成了对惠州市海洋与渔业局申报建设的桑洲浮标站等 11 个海洋观测站点审批工作，为规范海洋观测站点的建设、管理，以及观测数据的质控工作打下基础。但大湾区区域内海洋观测站的建设仍有很长的路要走，其观测类型、数量、精度、频次与海洋防灾减灾的需求仍有很大差距，权威发布渠道仍不明朗。

与社会需求及国际先进水平相比，我国风暴潮预报和评估技术、防潮应急预案等方面还存在很大差距。风暴潮是一种很复杂的自然现象，它的预报受很多因素影响，有很大的技术难度。首先，风暴潮预报成功与否，在很大程度上取决于气象条件的预报，因为风暴潮是由异常大气扰动引起的，要想报准风暴潮，需先报准未来的气象条件，而气象预报也受很多复杂因素的影响，尤其灾害性天气更难报准，因此目前国内外常规气象预报的精度很难达到精确预报风暴潮的要求。其次，风暴潮还受很多难于精确表达的因素影响，很难给出便于计算的精确数学表达式，只能近似计算（目前天文潮的预报也有一些误差，对风暴潮预报的精度也产生一定影响），因此风暴潮预报就不可能十分准确。另外，灾害性高潮位通常是风暴潮与天文潮的叠加，甚至是相互作用的结果，这就更加大了风暴潮灾害预报警报的难度。

3.5.5 人类活动加剧防潮隐患

粤港澳大湾区大量的滩涂开发利用、航道整治等涉水工程的建设，对促进该地区社会经济的发展发挥了重要作用，但也一定程度上加剧了粤港澳大湾区水安全隐患，使得人口、

资源、社会经济发展与水安全、水环境的矛盾不断凸显。随着广州港、深圳西部港、虎门港、珠海港、高栏港等港口群的建设和以开发建设为主的沿岸滩涂围垦,如伶仃洋的龙穴岛—横门—金星门、深圳西海岸、鸡啼门西滩、黄茅海的南水—高栏沿岸及黄茅海西滩近岸和磨刀门出口以东等区域围垦利用,使得珠江河口纳潮受水面积减小,海水被挤压抬升,沿岸口门潮汐动力不断增强,风暴潮引起的增水使得河口地区防潮隐患加剧。同时为了满足港口发展的需求,缓解航道水深不足与港口发展的矛盾,近年来广州港航道、珠海深水航道、深圳西部港口航道等航道都在不同程度地向上游延伸、扩宽和浚深,航道开挖增加了纳潮容积,同样增强了涨潮动力,加大了涨潮量,潮汐动力增强使得风暴潮增水风险进一步提升。系统评估粤港澳大湾区风暴潮灾害风险,确保河口地区有限资源的合理开发、综合利用,协调河口涉水工程建设、资源开发与防洪潮安全之间的矛盾,是保障粤港澳大湾区社会经济高速发展和社会稳定的需要。

3.6　防潮策略

3.6.1　加快海洋观测网建设,构建天空地海一体化海洋立体观测体系

大湾区直面南海,而南海是我国受海洋灾害最严重的区域,每年平均有 11 个台风影响南海,且灾害种类多、分布范围广、发生频率高。我国海洋灾害预报主要依托海洋观测网进行。目前湾区的海洋观测能力还满足不了湾区防灾减灾对于观测精度、数量、频次、时效性等方面需求,亟需加快海洋观测网的建设。《广东省海洋观测网建设规划(2016—2020)》明确广东沿海每 50 km 将设置 1 个岸基海洋观测站,规划建设 39 个岸基海洋观测站(点),布设 11 个浮标观测站位,新增一对地波雷达站及 24 个 X 波段雷达站,组建由 20 艘船组成的志愿船观测系统,配置两套水下滑翔机观测系统和建设海洋卫星遥感南方数据应用分中心。各级政府应在政策上大力支持、在经费上充足保障,促进广东省海洋观测网建设规划的实施。

为有效应对海洋灾害,还应依托天基、空基、岸基、海基等观测平台,整合大湾区各城市的海洋、气象、水文观测业务,发展业务、数据高度融合的天空地海一体化立体观测技术,构建覆盖广东沿海—大湾区近岸—各市重点保障目标的海洋观测体系,实现海洋观测网的合理布局与高度衔接。同时,针对风暴潮灾害重灾区和频发区以及海洋经济重点发展区域,要加大观测密度,提高观测资料的时效和精度,并规范大湾区海洋观测数据标准体系,为大湾区海洋预警报工作提供基础数据和技术支撑。

为推动河口水文水资源监测及防洪防潮减灾方面的科技创新,珠江水利科学研究院在观测上投入大量人力、财力,建立了珠江河口野外科学观测平台,使用寿命 12 年,抗风能力达到 16 级超强台风,能满足极端天气下全天候监测要求。浮标站点分布如图 3-50 所示。

一期站点已建设完成,共 12 个浮标站,其中内伶仃洋水域布设 4 个,澳门管辖水域布设 3 个,磨刀门水域布设 3 个,黄茅海布设 2 个,弥补了粤港澳大湾区珠江河口海域长时间、高频次观测的空白。平台野外观测浮体、数据采集传输与控制系统、数据接收管理系统、安全防护系统、太阳能供电系统、运行监测及自检系统和仪器自动升降系统等均由珠科院团队

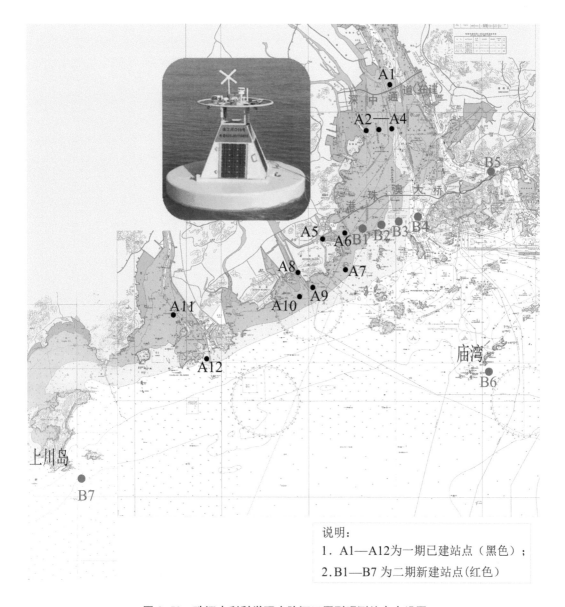

说明：
1．A1—A12为一期已建站点（黑色）；
2．B1—B7为二期新建站点(红色)

图 3-50　珠江水利科学研究院河口原型观测站点布设图

自主设计研发。系统配套安装有声学多普勒流速仪，泥沙、盐度、水质多参数观测仪，声学多普勒波浪剖面流速仪，风速、风向仪，氨氮、COD 二合一监测仪等设备，实现了对珠江河口水域潮流、波浪、泥沙、盐度、水质、风况等全要素的实时同步观测及自动在线传输。

　　该平台一期建成后，先后经受 2017 年第 13 号强台风"天鸽"、2018 年第 22 号强台风"山竹"等的考验，首次完整记录了强台风期间的风况、潮流、波浪、泥沙、水质等多要素信息。强台风"山竹"过境期间，伶仃洋 2 号站最大增水达 3.03 m、澳门水域 7 号站点底层最大流速达 1.79 m/s；平台录得 12 级及以上阵风持续 10 小时，10 级及以上阵风持续 20 小时，澳门水域 5 号站点录得最大阵风高达 44.3 m/s(相当于 14 级台风)。磨刀门河口 10 号站点首次录得波高 5.13 m，澳门水域 7 号站点录得最大波高 6.11 m，为该水域自 1985 年有实测波浪资料以来之最。

二期工程于 2020 年开始施工,计划 2021 年 12 月完工。二期工程对一期 12 个站点功能进行了提升,包括结构优化改造、数据质量提升、供电系统改造、安全性能提升等,并新建 7 个河口试验站(浮标体)。二期试验站采用直径为 4 m 的浮标体(一期试验站浮标体直径为 3 m),较一期站点相比,二期试验站能搭载更多的观测仪器、太阳能板及电池,并新增了风暴潮观测仪、溶解氧及叶绿素 a 多参数观测仪、全自动营养盐分析仪等设备。

3.6.2 构建完善的湾区风暴潮防护体系

在传统"抵御"和"控制"的风暴潮防御理念下,海堤工程是主要手段,建造一道既防水又防浪的堤,在两件事上"毕其功于一役"。为了防水,海堤顶部高程要足够高;而为了防浪,海堤要足够坚固。然而,越高的海堤越不容易修得坚固,有时虽然看似坚固,实则脆弱,一旦灾害强度超过其承载极限,会导致系统立即失效,设施被摧毁并且难以恢复。

在世界范围内,采用多元化的综合措施进行风暴潮防御已逐渐成为一个研究热点。除传统的海堤加固建设及大型挡潮闸建设外,绿色防护理念下的海堤建设及改造工程也越来越受关注,这要求海堤工程建设既要有灾害防御与经济社会支撑功能,也要具有生态保护和景观功能。可通过在适宜地区扩大红树林等沿海天然消浪植被的栽种面积,科学地实施海堤生态化建设。研究者们提出,将传统工程与生态系统相结合,可提高生态系统服务功能,有利于生态建设。湿地、生物礁、海岸沙丘等天然景观具有海岸防护、生态建设、娱乐旅游等多种功能。

同时引入韧性思维,采用构建沿海潮滩红树林带、砂质海岸或人工养滩等兼具自然系统生态弹性和人工系统工程弹性的方式,补充韧性城市视角下风暴潮防御体系的不足,从"适应"和"利用"的角度提高防御体系灾害后适应、自发组织重建的能力。

3.6.3 发展风暴潮预报预警技术,提高风暴潮灾害的应急响应能力

风暴潮灾害来临前,如果能及早获得预警信息,做好灾害应对措施(包括转移人口和财产以避开灾害,加强工程措施等),就有可能把灾害损失降到最小。近年来,随着风暴潮数值模拟技术水平的提高,风暴潮的预报预警准确率和预报时效性也在不断提高,在风暴潮防灾减灾中发挥了关键的作用,在很大程度上减轻了灾害损失。粤港澳大湾区的发展和建设,对沿海经济发达地区的风暴潮预报预警能力也提出了更高的要求,主要体现在:数值预报精细化程度、时效性和准确度仍需提高;针对不同的承灾体发布精细化、针对性较强的预报产品逐步被提上日程;单一要素预报警报向多目标型综合预报保障能力发展也有待进一步提高。

因此,需加强风暴潮预报预警技术研究,提升粤港澳大湾区的风暴潮灾害精细化预报预警能力。这方面的工作重点是:①扩宽一手资料获取渠道,加强风暴潮灾害的发生机理和发展规律研究。②着力提升风暴潮精细化预报水平,提高风暴潮灾害频发区、重要港湾、沿海重要基础设施、关键经济保护目标和典型人口密集区的近岸、近海精细化数值预报水平和综合预警能力;在重点保障目标区域、沿海重大工程区域、重要人口密集区域,开展沿岸精细化数值预报系统建设,及时发布预警信息。③结合高精度的数值模拟模型,发展风

暴潮漫堤(滩)预报系统,提高风暴潮预报的自动化和智慧化程度。在较强台风风暴潮影响时提供重点区域风暴潮漫滩范围预警,为沿岸人民群众撤离及财产转移提供科学依据,逐步提高风暴潮灾害的应急响应能力。

为了有效地防灾减灾,还应通过编制预案、构建应急决策指挥系统等方式,提高风暴潮灾害的应急预警响应能力,以便灾害来临时采取有效应对措施并及时对危险区的居民和物资进行疏散与转移。提高风暴潮灾害的应急预警响应能力具体措施包括:①粤港澳大湾区内各沿海地市(区)制定详细且具有可操作性的风暴潮灾害应急预警方案,明确风暴潮灾害的应对组织体系与职责,预防与预警、应急响应、人员转移安置方案及后期处置等内容;②建立风暴潮灾害应急决策指挥系统,以支撑科学决策、提高应急响应速度;③充分利用无线网络、广播、电子屏、高音喇叭等多种信息传播工具,建立风暴潮灾害预警快速发布系统,使得可能受到风暴潮灾害威胁的居民或游客等能在第一时间接收到灾害预警信息。

3.6.4　合理确定防潮警戒水位,定期开展海洋灾害风险隐患排查

防潮警戒水位是一个明确给定的潮位值。当潮位达到这一既定值时,标志着防护区沿岸可能出现险情,当地政府和有关部门开始进入防御潮灾的警戒状态,随时采取一切应急措施,最大限度地减轻这一海洋灾害造成的损失。同时防潮警戒水位也为政府进行防灾工程规划、决策提供科学依据。可见,防潮警戒水位值对减灾防灾有着十分重要的意义。风暴潮灾害预报部门在发布预警报时,根据预测风暴潮期间最高潮位是否达到防潮警戒水位发布相应的预警报。当预测最高潮位超过防潮警戒水位时,即预示着风暴潮的灾害效应较大,并且持续时间较长。当预测最高潮位接近或达到防潮警戒水位时,预示着风暴潮的灾害效应明显,但是持续时间较短。当预测最高潮位低于防潮警戒水位时,预示着风暴潮的灾害效应微弱。

广东省2017年公布的沿海警戒潮位值,核定日期截至2015年。2017年台风"天鸽"风暴潮和2018年台风"山竹"风暴潮,均使珠江口部分潮位站超过红色警戒潮位值。2017年台风"天鸽"风暴潮期间,惠州站、盐田站、赤湾站、黄埔站、横门站和珠海站高潮位破历史最高潮位记录。2018年台风"山竹"风暴潮期间,横门站、惠州站和三灶站最高潮位破历史最高潮位记录。随着未来风暴潮风险的逐年升级,亟需重新核定湾区沿海警戒潮位值,并尽快、定期在数字高程模型和遥感调查分析的基础上,根据堤防防潮标准、警戒潮位、平均高潮位等指标,开展海堤灾害风险隐患排查,科学评估海堤抵抗潮位和海浪破坏的能力。在此基础上,尽快加固、重修不符合标准的海堤,提高海堤防潮御浪能力。同时建立海洋灾害隐患区整治台账,明确隐患点负责人,确保海洋灾害防御工作与其他应急管理工作的衔接性。实施海洋灾害风险隐患排查工程,也是深入贯彻落实习近平总书记关于防灾减灾救灾、安全生产与应急管理等系列重要论述的具体措施。

3.6.5　系统性地开展大湾区风暴潮灾害风险评估和风险区划划定

风暴潮灾害风险评估是指综合考虑风暴潮危险性、承灾体脆弱性以及防灾能力等,对风暴潮灾害风险进行评价估算的过程。在风暴潮灾害风险评估结果的基础上,综合考虑行政区划,对风暴潮灾害风险进行基于空间单元的划分,即为风暴潮灾害风险区划。

粤港澳大湾区地处珠江流域下游,滨江临海,风暴潮灾害频发。目前,粤港澳大湾区沿海大部分风暴潮灾害风险较大的区域尚未开展系统性的风暴潮灾害风险评估与风险区划的划定工作。随着粤港澳大湾区的建设,在城市发展和大型工程不断向沿海聚集的情形下,针对粤港澳大湾区沿海地区风暴潮灾害特点,开展风暴潮灾害风险评估与风险区划划定工作,对于粤港澳大湾区沿海地区的防灾减灾、制定区域发展规划、开发利用土地资源、进行区域环境评估、建设沿海重大工程等具有十分重要的意义。应加强海洋灾害承灾体基础调查,结合土地利用调查,充分掌握海洋灾害承灾体的脆弱性,编制大湾区市(县)级风暴潮灾害风险区划图,掌握风暴潮灾害风险等级分布。制作不同重现期风暴潮淹没范围图和居民应急疏散路径图,为风暴潮灾害应急防御、海洋资源保护与利用规划提供决策支撑。将风暴潮灾害风险评估成果纳入海洋经济发展规划中,保障海洋经济发展安全。

3.6.6　加强风暴潮灾害防御的宣传教育

重大风暴潮灾害有一个容易被人们忽视的方面,即它的出现频率相对较小,往往造成人们思想意识上的忽视,其后果就是面对风暴潮灾害的发生而显得束手无策,使灾害的破坏程度进一步加重。另外,由于防范意识不强,沿海地区不合理开发自然资源、破坏自然环境等加重风暴潮灾害的经济活动比较突出。

因此,加强对人民群众进行风暴潮灾害预防知识宣传教育、提高社会公众对风暴潮灾害的防御意识尤为重要。面对风暴潮灾害,需要政府和有关部门通过宣传等措施提高公众的防灾减灾意识,让公众既懂得防灾减灾的重要性,同时也清楚在灾害发生时应该做些什么。应充分利用"5·12"防灾减灾日和"6·8"世界海洋日,通过电视、广播、微信、微博、宣传栏、手册等多种方式,广泛宣传台风风暴潮灾害知识,使人们不断加深对台风风暴潮发生机制、产生危害等的了解,防微杜渐,自觉树立防范风暴潮灾害意识。宣传教育要进基层、进社区、进学校,不断增强各类人群的"自救""互救"能力。在风暴潮来临前,及时宣传和动员群众,不能有麻痹大意思想,尽可能降低风暴潮灾害风险损失。

可通过编写风暴潮防灾减灾科普材料,并免费分发给公众,使公众了解风暴潮灾害,提升面对风暴潮灾害的风险防范意识。采用科普讲座、公开授课、定期或不定期举行演习等多种形式进行风暴潮灾害防灾减灾的知识普及和教育宣传,提高粤港澳大湾区沿海居民应对风暴潮灾害的救助和自救能力。

第四章

大湾区城市洪涝灾害成因与防御策略

城市洪涝是指由城市本地降雨等引起的水淹现象。城市洪水和内涝在概念上既有区别又有联系。城市洪水一般指由于降雨引起城市河流水位上涨漫堤造成水淹;而城市内涝是指降雨超过城区排水能力导致水淹。受全球气候变暖和城镇化进程的影响,大湾区极端暴雨发生概率增加,强度愈来愈大,城市暴雨洪涝灾害已成为影响大湾区城市群水安全的突出问题。本章结合历史资料分析和广州"5·22"特大暴雨灾害调研,从天(降雨强度)、地(城市建设)、管(城市排水系统)、河(城市排涝系统)、江(外江洪潮水位顶托)五个方面分析了大湾区城市洪涝的成因,提出了城市洪涝治理的流域系统整体观及应对策略。

4.1 城市防洪排涝系统

传统的城市防洪排涝体系一般由排水系统和排涝系统组成,排水系统主要包括市政管网和雨水调蓄池等,又称"小排水";排涝系统由城市河网、水库、湖泊等组成,又称"大排水"。随着2012年海绵城市概念的提出,城市洪涝治理的理念发生了质的飞跃。大家逐步认识到,城市海绵(如绿地、渗水道路、下凹式广场等)也是城市防洪排涝体系的有机组成部分。也就是说,现代城市的防洪排涝体系包括城市海绵、小排水系统和大排水系统三个部分,部分城市还提出将具有海绵城市建设理念的深隧排水系统作为排涝体系建设的组成部分。

4.1.1 海绵城市

4.1.1.1 海绵城市的概念

国际韧性城市联盟将"弹性城市"(Resilience City,也称韧性城市)定义为:城市系统能够消化并吸收外界干扰和灾害,并保持原有的特征、结构和关键功能。

2012年4月,在"2012低碳城市与区域发展科技论坛"中,"海绵城市"概念首次被提出。2013年12月,习近平总书记在中央城镇化工作会议的讲话中指出:"提升城市排水系统时要优先考虑把有限的雨水留下来,优先考虑更多利用自然力量排水,建设自然存积、自然渗透、自然净化的海绵城市"。2014年10月,住建部在《海绵城市建设技术指南——低影响开发雨水系统构建》中对海绵城市的定义是:城市能够像海绵一样,在适应环境变化和应对自然灾害等方面具有良好的"弹性",下雨时吸水、蓄水、渗水、净水,需要时将蓄存的水"释放"并加以利用。可见,海绵城市是新一代城市雨洪管理概念,是一个具有一定弹性的城市规划理念,海绵城市也可称之为"水弹性城市"。

4.1.1.2　海绵城市的措施

当前全国各大城市正在积极推进海绵城市建设,传统的海绵城市技术措施与国际上常用的低影响开发基本对应,重在源头减排,即源头分散的雨洪控制,大体分为三部分。

第一部分是渗透设施,包括透水铺装、绿色屋顶和下沉绿地。

透水铺装可分为透水砖铺装、透水水泥混凝土铺装和透水沥青混凝土铺装,嵌草砖和园林铺装中的鹅卵石、碎石铺装等也属于渗透铺装,有些地方还会在绿地下埋入蓄水模块。

下沉绿地即是低于地面的草坪绿地,可以将雨水引至渗水能力更强的泥土中,同时通过沉淀下渗过滤作用降低初期雨水污染。狭义的下沉式绿地指低于周边铺砌地面或道路200 mm以内的绿地;广义的下沉式绿地泛指具有一定的调蓄容积(在以径流总量控制为目标进行目标分解或设计计算时,不包括调蓄容积),且可用于调蓄和净化径流雨水的绿地,包括生物滞留设施、渗透塘、湿塘、雨水湿地、调节塘等。

绿色屋顶也称种植屋面、屋顶绿化等。当屋面的坡度不大于15°时,可以设置绿色屋顶,绿色屋顶又分为简单式和花园式。

第二部分是传输设施,如植草沟和渗透管渠。植草沟指种有植被的地表沟渠,可收集、输送和排放径流雨水,并具有一定的雨水净化作用,可用于衔接其他各单项设施、城市雨水管渠系统和超标雨水径流排放系统。渗透管渠指具有渗透功能的雨水管/渠,一般采用穿孔塑料管、无砂混凝土管/渠和砾(碎)石等材料组合而成。

第三部分是调蓄设施,如在绿地种植土下铺设蓄水陶土,作为城市的"隐形湖泊"蓄水;洼地、沟、塘、渠和景观水体等雨水蓄水池等。

海绵城市的具体措施效果如图4-1所示。

■湿地公园　　　　　　■透水路面　　　　　　■屋顶花园

■雨水花园　　　　　　■植被洼地　　　　　　■生态树池

■砂滤装置　　　　■下凹式绿地　　　　■高位花坛

■雨水桶　　　　■模块化雨水调蓄池　　　　■地下渗透储水结构

图 4-1　海绵城市的具体措施效果图

海绵城市建设的核心是要采取渗透、储存、调节等措施有效控制径流总量、径流峰值和径流污染。发达国家人口少，一般土地开发强度较低，绿化率较高，在场地源头有充足空间来消纳场地开发后径流的增量（总量和峰值）。我国大多数城市土地开发强度普遍较高，仅在场地采用分布式源头削减措施，难以保证开发前后径流总量和峰值流量等维持基本不变，所以还必须借助于中途、末端等综合措施，来实现开发

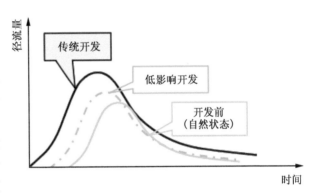

图 4-2　城市开发建设前后径流量变化示意图

后水文特征接近于开发前的目标。城市开发建设前后径流量变化如图 4-2 所示。

4.1.1.3　海绵城市与城市洪涝治理

随着海绵城市理念深入人心，目前公众普遍认识到海绵城市建设是治理城市内涝的良方。但近年来，屡屡发生"城市看海"，公众对海绵城市又产生了疑问。

我们来看一组数据：中国海绵城市第一批和第二批试点共计 30 个，分别为 2015 年的迁安、白城、镇江、嘉兴、池州、厦门、萍乡、济南、鹤壁、武汉、常德、南宁、重庆、遂宁、贵安新区和西咸新区；2016 年的福州、珠海、宁波、玉溪、大连、深圳、上海、庆阳、西宁、三亚、青岛、固原、天津、北京。据《中国经济周刊》记者不完全统计，第一批 16 个试点中近年来有 10 个发生内涝；第二批 14 个试点中有 9 个发生内涝。总体计算，已纳入试点的 30 个城市（地区）中，共有 19 个近年来发生过内涝，占比达到 63%。这其中不仅包括北京、天津、重庆等直辖市，还包括福州、武汉、济南、南宁等多个省会城市。

那么海绵城市能否根治城市内涝？笔者来谈几点认识。

一是城市洪涝不可能根治。任何防洪排涝体系都有设计标准，如果设计标准内的暴雨

产生洪涝灾害,就是人祸。所以讲洪涝灾害,一定要同时提设计标准。超标准暴雨引起的灾害,是天灾,不存在根治的说法,故而超标准暴雨产生洪涝是正常的。

二是海绵城市是局部措施。海绵城市并不是说整个城市下垫面都建成"海绵体",而是说在城市新开发区域,或者在城市合适的区域,尽可能地按"各人自扫门前雪"的原则,消化自己一亩三分地的天上降雨,不要给整体排水系统增加负担。

三是海绵城市能较好地改善局部内涝问题。海绵城市主要通过对雨水的渗透、储存、调节、传输与截污净化,有效控制径流总量、径流峰值和径流污染,受降雨频率和雨型等因素的影响,能够一定程度上改善城市排水系统不足造成的内涝状况,特别是局部地块(如小区等)由于排水不畅造成的内涝。如北京 2012 年 7 月 21 日降了一场百年一遇特大暴雨,22 小时平均降雨量为 170 mm,北京城发生严重的水淹,造成 79 人死亡。北京市的立交桥积水非常严重,最深的地方淹没水深达到 6 m。灾后,北京市制定三年紧急行动方案,针对立交桥积水,在其附近挖蓄水的竖井,暴雨时把立交桥的积水导入竖井。4 年后,北京又遭遇了一场特大暴雨,且降水时长与降水总量均超过 2012 年"7·21"特大暴雨,但这次北京应对暴雨就相对从容,因为竖井发挥作用,基本上解决了立交桥的积水问题。对于立交桥而言,"竖井"就是一种城市海绵体。但对山洪等外来水源的调节海绵城市基本上无能为力,防御外洪仍要依靠大排水系统。如广州"5·22"暴雨洪水中有些地方被淹主要是因为山水进城,对于外水,海绵城市和市政管网就像小牛拉大车,根本无能为力。

四是海绵城市主要应对常见的中、小降雨事件。传统城市海绵体仅仅是城市防洪排涝体系的有机组成部分之一,主要对常见的中、小降雨事件的峰值削减效果较好,对超过源头控制能力的降雨,如特大暴雨事件,虽可起到一定的错峰、延峰作用,但其峰值削减幅度有限,需要河流、湖泊等调蓄以及扩建排水管网和排涝泵站等措施发挥作用。系统应对,才能从根本上解决城市大面积内涝问题。

4.1.2 小排水系统

一般而言,城市排水是指城市的小排水系统,即常规的雨水管渠收集排放系统,它由雨水管道、渠道、雨水泵站等组成,其目标是快速收集城市地面雨水,通过管道、雨水泵站等排出(图 4-3)。

城市排水工程服务对象主要为街道、小区等小范围的城市开发地块,受超标准暴雨破坏后所造成的损失及影响范围较小,且在排水设施正常运行条件下(出口不受河涌水位顶托时),地面积水消退迅速,恢复正常生产、生活较快,并且对于超过雨水管渠排水能力的雨水可通过地面漫流、蓄滞设施、下凹绿地等排出或者暂存。

排水系统设计以排水区为单元。排水区是城市降雨产汇流的基本单元,是被城市建筑、道路或者河流分割成的一个个排水地面。排水区一般结合城市规划进行合理划分,在城镇化地区,地下管网系统对雨水的收集和运输决定了实际的排水区范围,可通过雨水管网系统的结构来划分排水区,排水系统设计中考虑的排水区相对较小,一般小于 2 km²。当排水区面积小于 2 km² 时,雨水管道的设计流量通过推理公式法计算确定;当排水区面积大于 2 km² 时,雨水管道的设计流量通过数学模型求得。排水标准侧重于按雨水管渠短历时暴雨重现期确定,一般计算 10 分钟、1 小时、3 小时暴雨,设计重现期往往较低,仅用来排除常规降雨,且尚未考虑下游河道对排水系统的顶托作用。

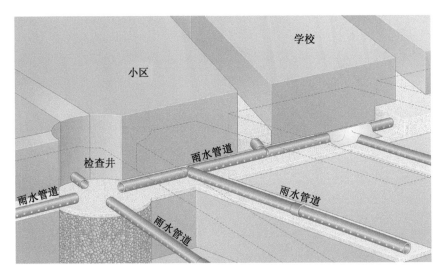

图 4-3　排水系统示意图

4.1.3　大排水系统

城市排涝是在农田排涝的基础上发展而来,主要承担较大区域暴雨涝水以及市政雨水管网所汇集的涝水排除。城市排涝系统又称大排水系统,包括河道、湖泊、坑塘、河口泵站、水闸等,其目的是将汇入且超过正常蓄水位的多余水量排出系统(图 4-4)。

大排水系统服务于城市较大片区,侧重于河道、湖泊、排涝泵站等的建设,目标是排出整个流域或城市片区的涝水。由于河道汇流区域较大,规划设计往往采用长历时降雨进行规模论证,这类工程往往是面对整个流域或者城市,受到超标准暴雨时,对城市的经济、人民财产安全造成较大的影响,短时间内难以恢复,因此其设计标准较高。

排涝系统设计以排涝片区为单元。排涝片区一般根据城市水系分布、排水系统组成、地形与城市竖向规划、区域土地开发利用等情况,并结合内涝风险分析,从便于治理的角度进行划分,其面积相对较大,往往达到数十平方千米,其中包含大大小小几十个小排水系统的排水分区。排涝片区按照与外围水系沟通的情况,分为封闭式和开敞式两种。封闭式排涝片区一般外围均建有堤防、排涝泵闸,如大湾区中南部的平原网河区排涝片;开敞式排涝片区,片内区域与外围水体直接沟通,如大湾区东、西、北部山区排涝片。在排涝片区中,河道为排涝系统提供城市排水与涝水的出路,是排水系统的下游边界条件,其功能是在大区域、长历时、高重现期暴雨情况下,接纳并排除城市管网和陆域防涝系统排放的雨水。

山地和平原的汇水特点有所不同,其排涝系统的工程规模也分别根据不同的方法确定。位于山区的排涝系统,排涝河道、水闸、泵站等排涝工程的设计流量往往利用水文学方法确定,该方法将整个排涝片区视为一个整体,定量分析片区降雨与出口断面流量之间的关系。位于平原的排涝系统,排涝工程的设计流量往往利用排涝模数法确定,排涝模数主要与设计暴雨历时、强度和频率,排涝面积、排水区形状、地面坡度、下垫面条件,河网和湖泊的调蓄能力,河道分布、比降等因素有关,该方法同样将排涝片区视为一个整体全面考虑,认为整个排涝片的涝水能够无阻滞、均匀地排入河道,并未考虑小排水系统汇水、调蓄的物理过程。上述两种类型的排涝系统,其应用的设计暴雨历时往往较长,一般在1~3天。

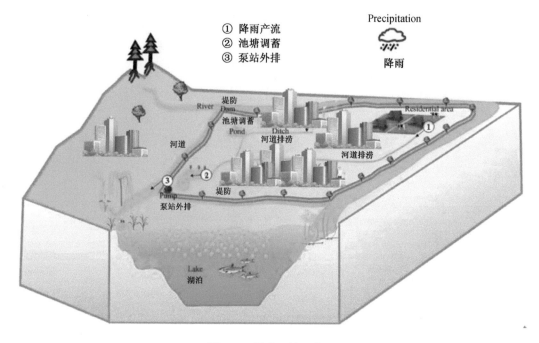

图4-4 排涝系统示意图

4.1.4 深隧排水系统

近年来,各大城市纷纷效防巴黎、伦敦、芝加哥、东京、新加坡、中国香港等城市,提出运用"深隧"来解决城市洪涝问题。

深隧即深层隧道排水系统,来源于英文"deep tunnel"的直译,是指埋设在深层地下空间即地面以下超过30 m深度空间的大型、特大型排水隧道,直径一般为3~10 m。深隧排水系统主要由主隧道、竖井、排水泵组、通风设施以及排泥设施5部分组成(图4-5)。

从功能上,深隧主要分为雨洪排放型、合流调蓄型、污水输送型3类。其中雨洪排放型隧道如香港荔枝角雨水排放隧道、日本东京江户川深层排水隧道等。合流调蓄型隧道如美国芝加哥合流隧道系统,墨西哥、法国巴黎、英国伦敦泰晤士等深层隧道工程。深隧可以实现城市海绵调蓄雨水的功能,也可以担当排水系统传输径流,是具有海绵城市建设理念的排水系统。

深隧的优点主要有:一是较少占用地面空间,不需要对房屋或公共设施进行大量迁拆;二是隧道布置在深层地下空间,把浅层地下空间让位给地铁及市政配套等设施;三是隧道一般采用地下盾构施工,对市民生活的影响较小;四是深隧系统与浅层排水系统有效衔接、实现互补,系统地提高了流域的防洪和排水能力,并提升了河道水体水质。

深隧的缺点主要有:一是相对于浅层排水管网建设来说,投资较大;二是运行维护要求较高,由于深隧埋于地下,运行管理及技术要求相对较高,运行费用也高于浅层系统。对于人口众多的特大城市,在建筑物密集、城市空间拥挤以及现有浅层排水管网开发利用强度大且改造极为困难的区域适宜建设深隧,其他区域应优先采用浅层排水管网。能够在浅层空间解决的尽量在浅层空间解决,只有在浅层空间无法解决的才建设深层隧道。

图 4-5　深隧排水系统示意图

4.2　典型城市洪涝灾害

　　大湾区属于亚热带季风气候,雨季(4—9 月)降水量约占全年降水量的 70%～85%,短历时强降雨是引发大湾区城市洪涝灾害的主要原因。短历时强降雨主要有两种类型,一为台风暴雨,即伴随台风带来的台风雨;二为"龙舟水",即每年端午节前后我国南北冷暖空气交汇导致的大范围持续性强降水。本节选取三场典型暴雨,介绍大湾区城市洪涝灾害,其中,2018 年"6·8"暴雨为台风暴雨,2020 年"5·22"广州暴雨为"龙舟水",2014 年"3·31"深圳暴雨发生在 3 月,为非雨季发生的暴雨内涝事件。

4.2.1　典型台风暴雨引发的洪涝灾害

　　2018 年 6 月 6—8 日,受台风"艾云尼"和西南季风的共同影响,广州、佛山、深圳、汕尾、肇庆、清远、惠州等市普降暴雨到大暴雨,局部地区特大暴雨。

　　气象、水文部门监测数据显示,8 日 8—16 时,广东省内时段雨量大于 200 mm 的站点共计 14 个,大于 100 mm 的站点有 238 个,其中时段雨量较大的站点为广州市花都区炭步镇(294.7 mm)、广州市荔湾区西村街(229.3 mm)、广州市白云区江高镇(218.3 mm)、佛山市南海区里水镇(217.4 mm)。广州市花都区 1 小时降雨量超过 120 mm,降雨量最大。

　　(1)广州灾情

　　此次暴雨造成广州市多处积水,广州火车站广场、科韵路岑村、建设北路永发电脑城附近、宝华隧道、工业大道隧道、永大新城路段等多个路段严重积水,交通通行部分中断,大量人员滞留。强降雨还造成花都区天马河河水暴涨倒灌,水淹 110 kV 大陵变电站,导致全站停运,影响大陵村、新街村、三华村一带,以及祈福小区、时代城、天马丽苑、金华社区、富丽花园、嘉逸华庭等小区,共约 2.6 万户用户停电。暴雨造成广州市花都区 5 人死亡,直接经济损失达到 4.6 亿元。当时受灾照片如图 4-6 所示。

图 4-6 台风"艾云尼"广州受灾照片

(2)佛山灾情

本次强降雨,为佛山有气象记录以来出现的最强暴雨,其中,佛山各区最大累积雨量:禅城张槎 338.4 mm、高明杨和 314.2 mm、南海九江 301.4 mm、顺德龙江 267.7 mm、三水南山 252.1 mm,全市共有 51 个自动站录得 250 mm 以上降水,205 个自动站录得 100 mm 以上降水。暴雨导致全市水浸点共 573 处,交通局部中断接近 24 小时,农作物受浸面积 8.329 1 万亩,开放避灾场所 705 处,安全转移群众 7 257 人,直接经济损失约 3.967 2 亿元。当时受灾照片如图 4-7 所示。

图 4-7 台风"艾云尼"佛山受灾照片

4.2.2　典型"龙舟水"引发的洪涝灾害

2020 年 5 月 21 日夜间至 22 日早晨,广州普降暴雨到大暴雨,局部特大暴雨。这次暴雨具有三大特点:一是强度大,全市小时雨强度超 80 mm,有 42 个站点破历史纪录,最大小时雨量 167.8 mm(黄浦区),最大 3 小时雨量 297 mm(增城区新塘镇),黄浦区永和街录得全市最大累积雨量 378.6 mm,达到历史极值。二是范围广,21 日 08 时至 22 日 08 时,全市有 82% 的测站录得 50 mm 以上的雨量,52% 的测站录得 100 mm 以上的雨量,5% 的测站录得 250 mm 以上的雨量。三是面雨量大,全市平均面雨量为 101 mm,其中黄浦区 176.2 mm、增城区 155.4 mm,从化区 114.4 mm。

(a) 广本基地、车厂受灾　　　　　　　　　(b) 官湖地铁站受灾

(c) 广州增城凤凰城和翡翠绿洲小区受灾

图 4-8　广州"5·22"暴雨受灾照片

暴雨给广州市造成严重的洪涝灾害:一是交通瘫痪,开源大道隧道、石化路隧道、开发大道隧道、荔红路、香雪大道、开创大道、荔新公路、云埔街时代城附近积水严重;官湖、新沙地铁站受淹严重,涝水倒灌入地铁站,导致广州地铁 13 号线全线停运。二是社区、企业受灾严重,广州知识城、下沙村、塘头村、翡翠绿洲、凤凰城、广州本田汽车有限公司等社区和重要企业受淹,地下车库、沿街商铺受灾情况严重。三是人员伤亡,黄埔区因暴雨引发山体滑坡及隧道积水,致使 4 人死亡。

4.2.3 典型非雨季暴雨引发的洪涝灾害

2014 年 3 月 30 日傍晚至 31 日上午,深圳发生强降雨,此次降雨是深圳 30 年来 3 月份强度最大的暴雨,50 年来最大的小时强降雨,气象局发布了 6 年来首个全市暴雨红色预警,持续生效 15 小时 20 分钟,创下了 2006 年以来时间最长、范围最广的记录。降雨来势凶猛,据深圳市三防办统计,全市平均降雨 125 mm,最大累计降雨达 318 mm,最大 1 小时降雨量(红树林站)达 115 mm(是有气象历史记录以来的最大值),局部降雨频率超 50 年一遇。此次降雨过程累计雨量、小时雨强、持续时间均超过 2013 年的"8·30"暴雨。

暴雨造成全市共约 200 处发生不同程度的积水或内涝,部分河堤坍塌损毁,市内数千辆机动车受损,300 多个航班取消,深圳电网 31 条 10 kV 线路跳闸,3 人因灾死亡 1 人失踪。当时受灾照片如图 4-9 所示。

图 4-9 深圳暴雨受灾照片

4.3 大湾区城市洪涝灾害成因分析

雨从天上降下来,落到地面上,流进地下管网里,再从管网排入河道,最后从河道排到外江,从整个城市水文水动力过程出发,我们把城市洪涝主要成因概括为"天-地-管-河-江"五个方面。

4.3.1 天——强降水总量和频次增加

大湾区降雨具有强度大、时间集中且发生频率高的特点。城镇化引发的"热岛效应"和"雨岛效应"也会导致城市突发性短历时强降雨更加频繁,强度更大。

（1）年降水量有小幅增加的趋势（图 4-10）。近 60 年来，大湾区平均年降水量以每 10 年 30.5 mm 的速率在增加。近百年来，广州雨量增加的速度是每 10 年 32.2 mm，也即是说现在年雨量比 20 世纪初增加了 300 多 mm，最近十年广州平均年雨量达到 2193.8 mm，是雨量最多的时期（图 4-11）。

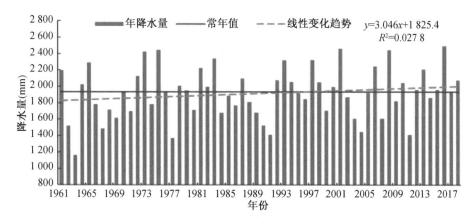

图 4-10　大湾区 1961—2018 年年降水量变化图

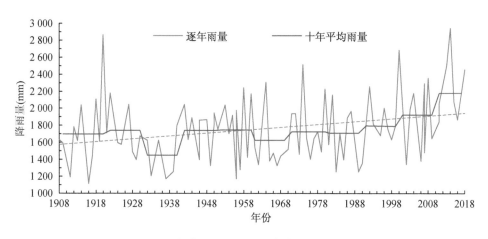

图 4-11　大湾区 1961—2018 年年降水量变化图

（2）极端降水在 2000 年以来的时段更加突出。大湾区平均年降水量存在明显的年际变化，但排名前三位的降水量高值年是 2016 年（2 489.8 mm）、2001 年（2 456.8 mm）、2008 年（2 443.5 mm），均出现在 2000 年以来。降水量低值年前三位是：1963 年（1 157.8 mm）、1977 年（1 366.8 mm）、1991 年（1 408.5 mm），均出现在 1991 年以前。2000 年之后，年降水总量高值频数增加。

极端降水可采用百分位阈值法定义，即将站点大于 0.1 mm 日降雨量的按升序排列，将 95% 的降雨量作为该站点的极端降水阈值，超过这一阈值的降雨即为极端降雨。该方法能很好地体现各区域的变化差异，阈值越大，则说明该区域的极端暴雨的雨量越大。

根据深圳市 1971—2019 年逐日降水量，通过 95% 百分位阈值法，计算出深圳前汛期和后汛期极端降水阈值分别为 43.0 mm 和 50.6 mm。近 50 年来，前汛期极端降水日数呈现略微增加的趋势,最大值为 2001 年的 11 天,最小值为 1988 年的 0 天;后汛期极端降水日数也呈现缓慢上升的趋势,最大值为 1997 年的 10 天,最小值为 1974 年、1975 年和 2011 年的 1 天,如图 4-12 和图 4-13 所示。从整个汛期来看,2000 年以前深圳地区极端降水日为 4.5 天,而 2000 年以后深圳地区汛期极端降水日为 4.7 天,极端降水在 2000 年以后更加突出。

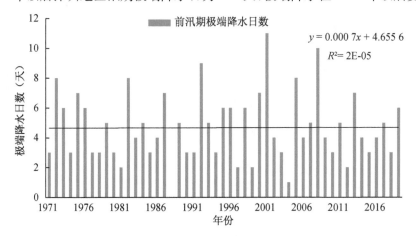

图 4-12　1971—2019 年深圳市前汛期极端降水日的逐年变化图

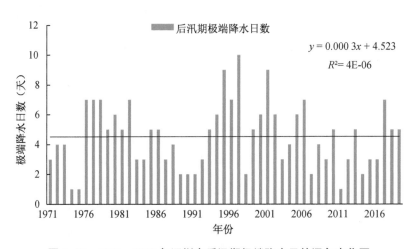

图 4-13　1971—2019 年深圳市后汛期极端降水日的逐年变化图

（3）强降水日数增加明显。从气象上,降水等级可以大致划分为以下 6 个等级。小雨:24 小时降雨量小于 10 mm;中雨:24 小时降雨量在 10.0～24.9 mm 之间;大雨:24 小时降雨量在 25.0～49.9 mm 之间;暴雨:24 小时降雨量在 50.0～99.9 mm 之间;大暴雨:24 小时降雨量在 100.0～199.9 mm 之间;特大暴雨:24 小时降雨量大于等于 200 mm。从 10 年平均上看,广州的中雨、大雨和暴雨发生日数都是随年代增加的,1990—2009 年与 1960—1979 年相比,分别增加了 6%、11% 和 25%(表 4-1)。进入 21 世纪,广州大雨和暴雨降水日数达到历史最高值,其中暴雨日数为 77 天,比 1960—1999 年平均日数高 23.8 天,小雨则随年代呈逐渐降低趋势。广州各降雨等级日数变化趋势图见图 4-14 和图 4-15。从年降水日数上看,广州观测到的年降水日数从 1982 年起呈明显下降趋势,降水日数减小率为每 10 年 7.2 天,特别是 1990 年以来,而广州年降水总量变化不大,说明广州降水呈集中趋势,单场降雨的强度增大。

表 4-1 广州不同时期不同量级降水日数统计   单位:天

统计年份	小雨	中雨	大雨	暴雨	大暴雨	特大暴雨	总降雨
1960—1969	1 118	245	110	57	11	2	1 543
1970—1979	1 096	284	155	48	13	0	1 596
1980—1989	999	286	140	54	10	2	1 491
1990—1999	989	292	137	54	9	1	1 482
2000—2009	852	269	158	77	10	0	1 366
(1990—2009)/ (1960—1979)	0.83	1.06	1.11	1.25	0.79	0.50	0.91

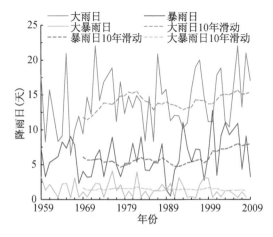

图 4-14 广州各降雨等级日数年变化趋势图

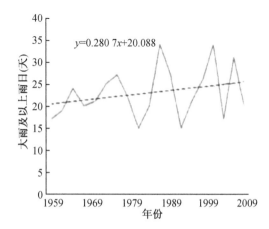

图 4-15 广州大雨及以上降水日数变化趋势图

广州"5·22"暴雨造成严重洪涝灾害的主要原因正是部分排涝片区在短时间内遭遇了超标准降雨。广州"5·22"暴雨范围广、强度大。南岗河、温涌、官湖河三个靠近暴雨中心的流域,实测 3 小时降雨量超过 230 mm,超过 100 年一遇,6 小时降雨量 260~290 mm,达到 50~100 年一遇。而这三个流域的现状内涝防治标准均不足 20 年一遇,河道的防洪标准仅 10~20 年一遇。对于面积相对较小流域而言,基本可以认为洪水与暴雨同频率,因此"5·22"暴雨产生的洪水超 100 年一遇,明显超过三个流域现状 10~20 年一遇的防洪排涝标准。三个流域"5·22"暴雨重现期统计表如图 4-2 所示。短时间内的降水强度远超现状的防洪排涝标准,导致河道漫堤、管道溢流、排涝泵站失效,整个防洪排涝系统处于瘫痪状态,造成严重的城市洪涝灾害。

表 4-2 南岗河、温涌、官湖河流域广州"5·22"暴雨重现期统计表

流域	气象站	1 小时暴雨重现期	3 小时暴雨重现期	6 小时暴雨重现期
南岗河	南岗河口	20 年一遇	超 100 年一遇	50~100 年一遇
温涌	禾叉隆	20 年一遇	超 100 年一遇	50~100 年一遇
官湖河	永和河	20 年一遇	超 100 年一遇	50~100 年一遇

4.3.2 地——城镇化改变地面水文物理特性和产汇流格局

随着大湾区城市的快速发展,高强度、高密度的城市开发导致城市范围迅速扩大。城镇化进程中下垫面的急剧变化导致城市产汇流机制改变、调蓄能力下降、产汇流格局改变。以往在城市开发过程中对上述改变重视程度不足,导致下垫面变化后,城市的防洪排涝体系不能适应上述变化,城市洪涝灾害频发,严重威胁城市的安全。

4.3.2.1 城市下垫面硬化

城镇化快速扩张过程中,原有的农田、绿地等透水能力强的地面被不透水的"硬底化"地面所取代,改变了地面的水文物理性质和产汇流格局。以广州为例,从 1990 年到 2016 年,不透水面积从 421 km² 增加到了 1 812 km²,增加了 3 倍以上。广州市主城区的不透水面积从 250 km² 增加到 510 km²,增加了 1 倍,不透水面积占比从 35% 增加到 71%。下垫面硬化使得雨水的下渗量和截流量下降,径流峰值增加,暴雨汇流速度加快,汇流时间缩短且

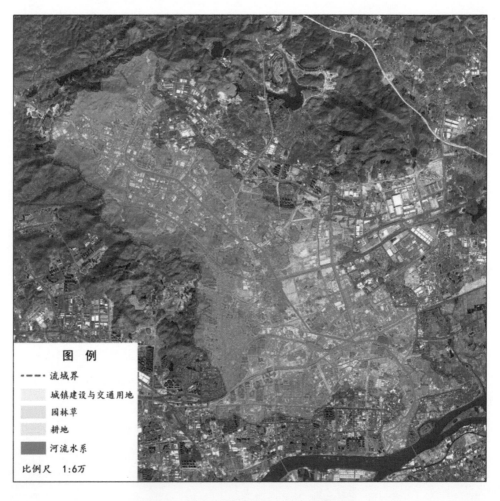

图 4-16 官湖河流域现状土地利用类型图

径流峰值提前,径流峰形趋"尖瘦"化。相关研究表明,广州城镇化建设使得地面径流系数由 0.3~0.5 增大到 0.6~0.9,增大了近 1 倍,城镇化使广州"龙舟水"的径流峰值出现时间提前了 1~2 小时。

下垫面硬化同样是导致官湖河流域在广州"5·22"暴雨中受灾严重的原因之一。21 世纪以来,官湖河片区城镇化建设发展迅速。2008—2016 年间,流域中部东边、淹没区域北边的林草地及农田逐步建设为城镇;2016—2020 年间,流域中部东边、淹没区域北边的建设面积进一步扩大。流域中上游的大量农田和林地、草地建设为城镇并仍在不断开发建设中,中上游土地的蓄水保水能力大幅下降,而流域下游的淹没区也由农田建设为城镇,淹没区周边也在不断建设中,地面硬化,径流系数增大。官湖河流域现状土地利用如图 4-16 所示,2000—2020 年遥感影像如图 4-17 所示。

图 4-17　2000—2020 年官湖河流域遥感影像图

4.3.2.2　城市自然调蓄能力下降

城镇化建设引起城市自然调蓄能力的下降。城镇化以前,城市内存在不少的农田、水系(池塘、河道、湖泊)等"天然调蓄池",它们具有减缓城市内涝的功能。城镇化之后,这些天然的调蓄池被占用、填平,加剧了城市的防涝压力。

农田方面,如广州市天河区猎德涌,在 20 世纪 80 年代初,河涌两岸基本为农田,随着城镇化建设的推进,到 2009 年河涌两岸已基本被建成区覆盖,猎德涌流域调蓄容量由 83 万 m³ 锐减为 8 万 m³,20 年一遇洪峰流量从 103 m³/s 增大到 157 m³/s。

水系方面,以广州市水系变化为例,2000—2010 年广州市河流水体总面积呈现陡降的态势。水域总面积陡然减少 32.37 km²,减少比例高达 22.98%(表 4-3)。侵占河流水体面积的主要为城市建设和城郊农业,其中城市交通设施、工业厂房、商贸用地、居住用地等的扩展是引起河流水体面积减少的最主要原因。图 4-18 和图 4-19 为不同区域水体被侵占过程。

表 4-3　2000—2010 年广州不同区域城市河流水体水域面积变化

区域	2000 年水域面积（km²）	2010 年水域面积（km²）	2000—2010 年		
			水域面积变化（km²）	水域面积变化比例（%）	水域面积年均变化(km²/a)
广州市	140.85	108.48	−32.37	−22.98	−3.24
越秀区	2.56	2.35	−0.21	−8.20	−0.02
天河区	6.19	4.54	−1.65	−26.66	−0.17
荔湾区	9.33	7.17	−2.16	−23.15	−0.22
海珠区	18.57	16.09	−2.48	−13.35	−0.25
黄浦区	18.52	16.11	−2.41	−13.01	−0.24
萝岗区	21.57	18.61	−2.96	−13.72	−0.30
白云区	64.04	43.61	−20.43	−31.90	−2.04

(a) 2000 年　　　　　(b) 2010 年

图 4-18　广州市荔湾区东沙街道东沙工业区对河流水体的侵占

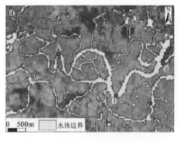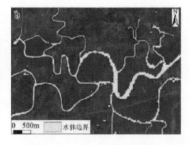

(a) 1990 年　　　　(b) 2000 年　　　　(c) 2010 年

图 4-19　广州市海珠区中部河涌 1990—2010 年变化

4.3.2.3　产汇流格局改变

受观念影响,过去的城市规划建设未充分考虑防洪排涝要求。如图 4-20 所示道路建设切断了几十千米自然状态的天然排水路线,改变了汇水格局,道路两侧仅仅依靠涵洞连通,排水由"面"变"线",极大增加了上游的排涝压力。

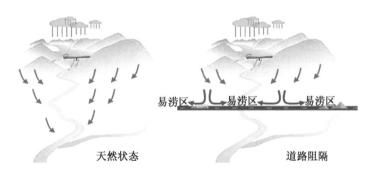

易涝区   易涝区   易涝区

天然状态   道路阻隔

图 4-20　江水格局变化示意图

4.3.2.4　局部重要设施选址洼地

城市规划和重要项目的建设未深入论证洪涝安全问题,导致部分重要项目选址在城市低洼地等洪涝灾害高风险区。如位于黄埔区的开源大道隧道,在广州"5·22"特大暴雨期间积水严重,究其原因:从洪涝安全的角度考虑,地势低洼区交通本应采用高架桥方案,而采用隧道方案使之变成了低洼地的"锅底",遭遇大暴雨汇流或附近河水漫溢,水便迅速集聚到"锅底",极易造成人员伤亡。低洼隧道受淹照片如图 4-2 所示。

4.3.3　管——城市排水能力偏低

除香港、澳门外,大湾区大部分城市雨水管网的排水能力较低。据资料统计,广州新城区排水管道按 3 年一遇排水标准设计,中心城区主干管网达到 1 年一遇的占 65%,达到 2 年一遇的占 59%,达到 5 年一遇的占 53%。深圳新规划地区设计暴雨重现期采用 2 年,低洼地区、易涝地区及重要地区重现期采用 3~5 年,下沉广场、立交桥、下穿通道及排水困难地区选用 5~10 年。其他城市的排水设计标准普遍低于广州、深圳,雨水管网的现状排水标准也低于两座核心城市。

随着城市继续扩张,原本标准偏低的城区排水系统排涝能力将进一步下降。另外,城市建设截断了排水管网,破坏了排水系统,老城区排水系统老化失修,淤积堵塞严重,都进一步降低了管网排水能力。面对倾盆大雨,城市排水系统"小马拉大车",力不从心。

以广州市某城中村为例(图 4-22),其管网设计标准偏低,在 1 年一遇暴雨条件下,管道最大充满度(水流在管道中的充满程度,范围在 0~1 之间)为 1 的长度占比为 71%,发

图 4-21　低洼隧道受淹照片

生溢流的长度占比为 45%,发生区域主要为管道标准较低的中上游管段。淹没水深大于 15 cm 的淹没面积约为 2 238 m²,水深大于 30 cm 的面积约为 476 m²,水深大于 50 cm 的面

积约为172 m²,最大淹没水深为 0.95 m。淹没区域与管道溢流区域基本一致,集中布局在地势低洼区域。

图 4-22   广州某城中村 1 年一遇暴雨条件下管网充满度分布图及内涝淹没水深示意图

4.3.4   河——城市河道行洪排涝能力不足

大湾区三面环山,一面临海,有不少河道发源于山区,穿城而过,流入外江。大湾区城市河道可分为防洪河道(以防洪为主)、排涝河道(以排涝任务为主)和防洪排涝河道(兼具防洪和排涝任务),如广州市增城区新塘镇官湖河、埔安河,上游为山区,受山洪影响,下游为城市建成区,河道主要承担市区排涝任务。除广州、深圳等城市中心城区的部分已整治河道外,目前大湾区城市河道防洪标准大部分不足 20 年一遇,防洪排涝能力不足。

以广州为例,至 2020 年,全市大部分区域尚未达到规划要求的 20 年一遇暴雨不成灾的排涝标准,不达标原因主要是成片改造区和老城区改造排涝标准不够,主要集中在白云、南沙、黄埔、增城等区。城内许多尚未整治的内河水系仍不能满足 10 年一遇的排涝标准,个别区域达不到 5 年一遇排涝标准。增城、从化、白云的农田及生态保护区未达到 10 年一遇的排涝标准。加上河道中的桥梁、桥涵以及各类倒弃垃圾等阻水,河道行洪空间被占用、堵塞,造成河道行洪不畅。当流域发生超标准洪水,极易造成河水漫溢。

广州"5·22"特大暴雨期间,广州官湖河、埔安河流域发生超标准降雨(1 小时降雨约 20 年一遇,3 小时降雨超 100 年一遇,6 小时降雨约 50 年一遇),而河道防洪标准不足 10 年一遇,且河道多处卡口、淤积,导致河水漫溢、山水进城,官湖地铁站受淹(图 4-23 和图 4-24)。

图 4-23   广州官湖河卡口

图 4-24 广州埔安河卡口

4.3.5 江——外江水位顶托

当强降雨遭遇外江天文大潮或风暴潮,外江高潮位顶托会导致城市河道洪水不能及时排入外江,河道长时间维持高水位,排水管网排水能力大幅度下降,出现内涝。以广州市为例,其内河受珠江口伶仃洋潮汐作用影响,汛期还受外江洪水影响,外江高水位的顶托也是引起广州内涝的因素之一。近年来,珠江八大口门及外海潮位普遍呈现持续升高的趋势,进一步恶化了大湾区城市的排涝形势。

一是年平均高潮位抬高。根据统计结果显示,珠江八大口门及外海年平均高潮位普遍

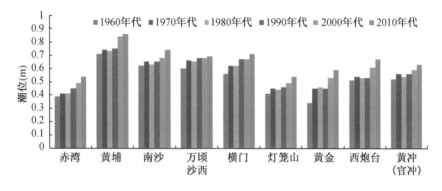

图 4-25 各年代年平均高潮位对比图

持续升高,2010 年以来和 20 世纪 90 年代相比,升幅在 0.01~0.14 m。外海的担杆头、赤湾、荷包岛和三灶四个站点的年平均高潮位呈现上升的趋势,其中荷包岛站年平均高潮位上升趋势最为明显。八大口门的黄埔、南沙、万顷沙西、横门、灯笼山、黄金、西炮台和黄冲(官冲)八个站点的年平均高潮位呈现上升的趋势,其中黄金站年平均高潮位上升趋势最为明显,如图 4-25 所示。

二是 20 世纪 90 年代以来,珠江口八大口门年最高潮位均呈现抬升的趋势,升幅在 0.15~0.67 m,其中灯笼山站的上升趋势最为明显,如表 4-4 和图 4-26 所示。

表 4-4 各年代年最大潮位统计表
单位:m

站点	1960—1970 年	1970—1980 年	1980—1990 年	1990—2000 年	2000—2010 年	2010—2015 年
黄埔	1.92	1.97	1.94	2.00	2.21	2.34
南沙	1.90	1.85	1.90	1.94	1.98	2.26
万顷沙西	1.89	1.88	1.93	2.16	1.99	2.20
横门	1.79	1.80	1.87	2.02	2.00	2.24
灯笼山	1.52	1.60	1.71	1.80	1.97	2.19
黄金	1.58	1.60	1.65	1.87	1.85	2.11
西炮台	1.79	1.77	1.80	1.83	2.07	1.99
黄冲(官冲)	1.78	1.78	1.79	1.85	2.01	1.93

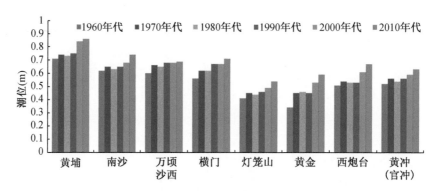

图 4-26 各年代年最高潮位对比图

4.4 古今中外城市洪涝防御经验与启示

4.4.1 中国古城洪涝防御

4.4.1.1 排涝体系

中国古城的水系布局基本遵循"城壕环绕、河渠穿城、湖池散布"的规律和模式,如赣州古城内的福寿沟工程。

福寿沟工程位于江西省赣州市章贡区老城区地下,因两条沟的走向形似篆体的"福""寿"二字,故名"福寿沟"。福寿沟工程总长约12.6 km,其中寿沟约1 km,福沟约11.6 km,砖拱结构,宽约1 m,深约1.5 m。福寿沟工程平面分布及现状照片如图4-27所示。福寿沟是赣州古城地下大规模古代砖石排水管沟系统,整个工程主要分为三大部分。一是纵横遍布城市各个角落的下水道。福寿沟依托于赣州中高周低的"龟背形"城市地形,结合街道布局和地形特点,采取分区排水的原则,建成了两个排水干道系统,分别将城市的污水和雨水收集排放到城外的章江和贡江。二是将福寿二沟与城内的几十口池塘连通起来,将城市调蓄空间连接为一个整体,使城内水系的调蓄能力得以充分发挥。三是在城外排水口建设了12个防倒灌水窗(拍门),以单向水窗阻挡赣江洪水,并在洪水消退时向赣江排涝。雨水降至地面后,首先利用散布在城市当中的水塘、洼地进行源头控制,同时沿地表排水沟、竖井流入排水支沟,最后经主干沟从水窗(拍门)排入城外护城壕和章、贡二江。福寿沟排蓄水系统立面示意图如图4-28所示。

图 4-27　福寿沟排水系统平面分布及现状照片

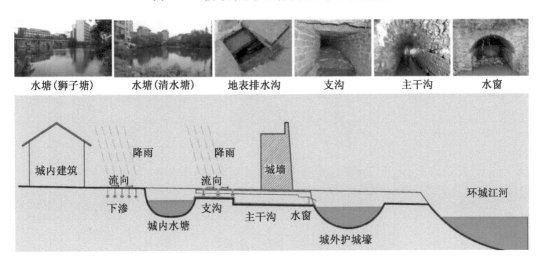

图 4-28　赣州福寿沟排蓄水系统立面示意图

福寿沟于北宋熙宁年间就已建成,距今已有一千多年历史,旧城区现有 9 个排水口,其中福寿沟 6 个水窗(拍门)仍在使用,至今福寿沟仍是旧城区的主要排水干道。

福寿沟工程为典型中国古城"蓄排结合"的排涝体系,包括源头的坑塘、地下排水系统福寿沟以及排涝系统护城壕和外江三个部分,实现了从由源头到末端的雨洪系统控制。该体系既控制了城市的最长排水路径,又保证了一定的河道密度、水面率、调蓄容积,使城内的排水满足"四向可排,就近接纳"的特点,在城市防洪排涝方面发挥着重要作用。古代城市排涝体系的两大关键点:一是足够的城市排涝河道密度和过流断面是保障城市排涝的基础;二是城市水系的调蓄能力是防止雨涝成灾的重要因素。

4.4.1.2 古今演变

与古城排水系统相比,现代城市雨水的最终收纳者仍是城市外围的水系,但现代城市开发建设减少了城内排蓄河道、湖池的数量,部分排涝沟渠被地下管网所取代,"蓄排结合"的排涝体系转变为"以排为主"的排涝体系。与古城排涝系统相比,现代城市河道密度与水面率锐减,调蓄容积大幅减少,地下管网过流能力受限、流路延长。

4.4.2 香港洪涝防御

4.4.2.1 自然概况

香港位于粤港澳大湾区东南部,北与深圳市相邻,南临珠海市万山群岛,区域范围包括香港岛、九龙、新界和周围 262 个岛屿,陆地总面积 1 106.66 km²,海域面积 1 648.69 km²。截至 2018 年末,总人口约 748.25 万人,是世界上人口密度最高的地区之一。

香港主要为丘陵,最高点为海拔 958 m 的大帽山。香港的平地较少,约有两成土地属于低地,主要集中在新界北部,分别为元朗平原和粉岭低地,都是由河流自然形成的冲积平原。

香港每年的平均降雨量约为 2 400 mm,是太平洋周边地区降雨量最高的城市之一。香港径流丰富,地表水系发达,但无大河流。除作为香港与深圳界河的深圳河外,主要有城门河、梧桐河、林村河、元朗河和锦田河等,绝大多数河流长度均不超过 8.1 km。深圳河发源于梧桐山牛尾岭,自东北向西南流入深圳湾,出伶仃洋。全长 37 km,流域面积 312.5 km²,其中深圳一侧为 187.5 km²,香港一侧为 125 km²。香港境内的梧桐河是深圳河的主要支流。

表 4-5 香港降雨记录

标题	雨量纪录(mm)	日期
最高时雨量	145.5	2008 年 6 月 7 日
最高日雨量	534.1	1926 年 7 月 19 日
最高月雨量	1 346.1	2008 年 6 月
最高年雨量	3 343.0	1997 年

4.4.2.2 洪涝防治策略

香港通过优化空间利用与因地制宜措施纾解香港洪涝问题,渠务署在制定具体的策略时，优先考虑环境限制和成本效益，同时也会考虑社会和经济压力、财政和法理、地理环境和组织管理等因素。目前香港渠务系统改善方案较为突出，重要的洪涝防治策略如下。

（1）上截山洪。通过在半山地区建设雨水排放隧道，截取中、上游的雨水，从而减少对下游市区的影响。雨水会经雨水排放隧道绕过楼房密集的市区直接流入大海或其他河道。香港现有四条雨水排放隧道，总长度约 22 km，分别是港岛雨水排放隧道、荔枝角雨水排放隧道、荃湾雨水排放隧道，以及启德雨水转运工程。

（2）洼地蓄洪。当下游排水系统的容量不足以应对上游因都市发展而增加的地表径流时，常采用蓄洪池存蓄从高地排向下游地区的雨水，减小排水系统的高峰径流量。蓄洪方法在香港较为常用，如旺角区一个运动场的地底建有一个大型的蓄洪池。由于土地空间资源约束，香港的蓄洪池建在地下。

（3）深层隧道。雨水深层隧道分流有助于减少上游高地雨水流入市区排水系统。荔枝角雨水排放隧道的主要功能是洪涝排放、雨洪资源利用。荔枝角雨水排放隧道造价 17 亿元，全长 3.7 km，直径 4.9 m，埋深约 40 m，覆盖九龙西北逾 500 hm² 土地，将有效截取约四成的降雨量。主隧道长 1.2 km，贯通荔枝角市区地底，允许每秒通过 100 m³ 雨水。分支隧道长约 2.5 km，沿半山兴建，透过 6 个进水口收集半山区雨水。项目 2008 年动工，2012 年竣工。香港荔枝角雨水排放隧道系统将西九龙腹地集水区的雨水，通过深层隧道排入维多利亚港，分流高地雨水，减少上游高地雨水流入市区排水系统，有效降低了荔枝角、长沙湾等区域内涝风险，减少了强降雨对公众生活、城市交通及商业活动的影响。其平面布局示意图如图 4-29 所示。

图 4-29　香港荔枝角雨水排放隧道系统平面布局示意图

荔枝角雨水排放隧道系统提升防洪涝水平至可抵御 50 年一遇的大雨，即每小时 130 mm 的降雨量。隧道静水池上兴建蝴蝶谷道公园，提供防洪、运输和休憩三大功能。隧道汇集的雨水在净化后将用于灌溉园林、冲厕和清洗街道。

（4）立法管制。当自然河道流经私人土地或私人承包用地时，排水事务监督获授权则可保障水道内的维修工程及管制施加,保持排水畅通。

4.4.3　东京洪涝防御

4.4.3.1　自然概况

东京位于本州关东平原南端,面向东京湾,大致位于日本列岛中心,东部以江户川为界与千叶县连接,西部以山地为界与山梨县连接,南部以多摩川为界与神奈川县连接,北部与埼玉县连接,总面积 2 155 km²。2018 年东京人口超过 3 800 万,GDP 总量首次超过了 1 万亿美元。

东京降水集中在夏秋季节,季节分布不均匀,季节变化大,夏季受东南季风影响,降水较多。多年平均降水量为 1 810 mm。东京的台风季节一般在 6—10 月的夏秋时节,其中秋季的 9 月份为台风高发季节,东京每年平均发生台风的次数为 5~6 次。

4.4.3.2　洪涝防治策略

为解决城市综合防洪问题和雨季水污染问题,日本以全方位综合治理的方式,从河川流域统筹施策,对于区域洪水和城市排水、污水分别将"渗、滞、蓄、净、用、排"等手段全部用上,以流域统筹全方位综合治理为原则解决流域洪、涝、污。东京洪涝防治总体目标更采用了精细化分项逐级控制的任务分解模式,规划至 2038 年,东京内涝防治重现期提至 100 年,能有效应对 75 mm/h(352 mm/24 h)设计暴雨,远期能有效应对 100 mm/h 设计暴雨。东京洪涝防治总体目标与单项措施任务分解如图 4-30 所示。

（1）排涝体系。东京地区的地下排水系统主要是为避免受到台风雨水灾害的侵袭而建的。这一系统于 1992 年开工,2006 年竣工,堪称世界上最先进的下水道排水系统,由首都圈外围 5 个混凝土立坑、6.3 km 长的隧道以及 1 座巨型调压水槽三部分构成。每个混凝土立坑有 65 m 高(约 22 层楼)、32 m 宽,在地下 50 m 深处。调压水槽 25.4 m 高（约八层楼）、177 m 长、78 m 宽,内有 59 支混凝土支柱,总贮水量为 670 000 m³,以 14 000 马力(1 马力约为 735 W)的涡轮机达到最大排水量 200 m³/s,将水排入江户川。该系统每年运行 8 次左右,极大减轻了中川、绫濑川流域洪涝灾害,调洪减灾成效显著。该排水系统如图 4-31—图 4-33 所示。

东京于 1992 年颁布"第二代城市

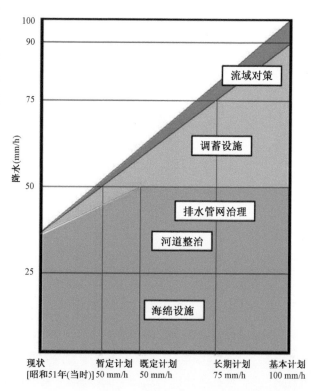

图 4-30　东京洪涝防治总体目标与单项措施任务分解图

下水总体规划",正式将雨水渗沟、透水地面作为城市总体规划的组成部分,要求新建和改建的大型公共建筑群必须设置雨水就地下渗设施。日本政府规定:在城市中广泛利用公共场所,甚至住宅院落、地下室、地下隧洞等一切可利用的空间调蓄雨洪,防止城市内涝灾害。具体措施如下。

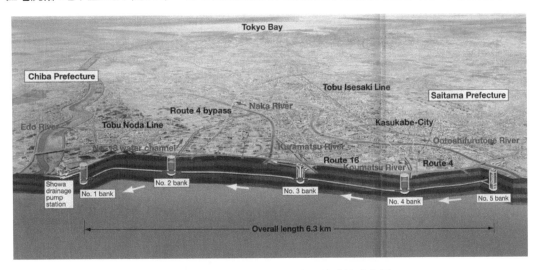

图4-31　东京地区的地下排水系统路线分布图

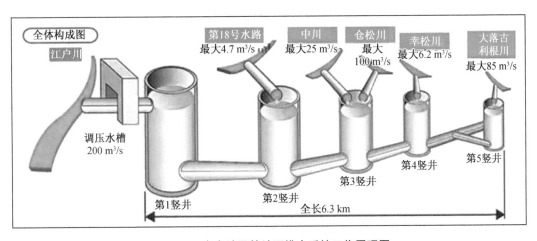

图4-32　东京地区的地下排水系统工作原理图

图4-33　东京地区的地下排水系统照片

① 降低操场、绿地、公园、花坛、楼间空地的地面高程，一般使其较地面低 0.5～1.0 m，在遭遇较大降雨时可蓄滞雨洪。

② 在停车场、广场铺设透水或碎石路面，并建设渗水井，加速雨水渗流；在运动场下修建大型地下水库，并将高层建筑的地下室作为水库调蓄雨洪。

③ 在东京、大阪等特大城市建设地下河，直径十余米，长度数十千米，将低洼地区雨水导入地下河，排入海中。

④ 为防止上游洪涌涌入市区，在城市上游侧修建分洪水路，将水直接导至下游，在城市河道狭窄处修筑旁通水道；在低洼处建设大型泵站排水，排水量可达 200～300 m³/s。

⑤ 在城市中新开发土地，每公顷土地应设 500 m³ 的雨洪调蓄池。

⑥ 大型的建筑还会建有独特的雨水再利用系统。比如，著名的东京巨蛋体育馆就建有自己独用的大型雨水存积池，储集的雨水可用于冲洗厕所、消防、洗车和浇灌，一年由此可节约 2 000 万日元水费。

（2）降雨信息系统。该信息系统用来预测和统计各种降雨数据，并进行各地的排水调度。利用统计结果就可以在一些容易浸水的地区采用特殊的处理措施。

（3）健全的防洪排涝制度。东京制定相关的政策来推动全民参与蓄水设施的修建和安装。对在区内设置利用储存雨水装置的单位和居民实行补助。同时，墨田区政府还设立 3 种补助金，分别制定申办手续，以保证该项制度得以合理且高效地实施。政府立法规定，道路等市政设施的建筑材料要有一定的透水性，在停车场、人行道等处铺设透水性路面或碎石路面，并建有渗水井，遇到降雨可以迅速将雨水渗透到地下。

4.4.4　伦敦洪涝防御

4.4.4.1　自然概况

伦敦位于英格兰东南部的平原上，是英国首都，世界第一大金融中心，与纽约和香港并称为"纽伦港"。伦敦是英国的政治、经济、文化、金融中心，面积 1 577 km²，人口约为 890 万（2017 年）。2018 年伦敦地区生产总值已达到 6 532 亿美元。

伦敦受北大西洋暖流和西风影响，属温带海洋性气候。泰晤士河是伦敦重要的一条河流，该河流发源于英格兰南部科茨沃尔德丘陵靠近塞伦塞斯特的地方，河流先由西向东，至牛津转向东南方向，过雷丁后转向东北，至温莎再次转向东流经伦敦，最后在绍森德附近注入北海。泰晤士河水网较复杂，支流众多，其主要支流有彻恩河、科恩河、科尔河、温德拉什河、埃文洛德河、查韦尔河、雷河、奥克河、肯尼特河、洛登河、韦河、利河、罗丁河以及达伦特河等。

4.4.4.2　洪涝防治策略

英国是受城市内涝等地表水泛滥影响较大的国家之一，完善的科学规划与应急保障机制有效调控了伦敦洪涝风险。内涝防治具体措施如下。

（1）科学规划，构建城市内涝预防体系。伦敦政府严格把关城市建设规划以控制洪灾风险，特别禁止在洪灾高危地区搞建设。社区和地方政府部门公布的规划政策要求，地方规划当局在其开发文件中要考虑洪灾风险及管理，规划程序各个层面都要进行洪灾风险评估,开发商要对其开发项目进行相关评估。

（2）积极推广可持续的排水系统。英国大力推广采用先进的"可持续排水系统"技术来管理地表和地下水,要求所有新开发和重新开发地区都要认真考虑建设既能减轻排水压力,又环保的"可持续排水系统",并为此专门成立了国家级工作组。例如,位于伦敦北部的卡姆登区人口稠密,当局评估后认为,它更适合屋顶绿化、建设可渗水步道等可持续排水方式。当地居民的院子里要么植树种草,要么用细沙、石子或砖头铺地,很少见到硬邦邦的水泥地面,街道两边的人行道也大多是方砖铺地。

（3）实施"超级工程"。2005年,伦敦政府授权成立一个独立委员会研究城市内涝解决的终极方案。该委员会通过调研后,提议建造名为"泰晤士河隧道"的超级工程,包括截流井、连接管、连接隧道和主隧道。泰晤士河隧道工程主隧道起于伦敦西的Acton,沿着泰晤士河,穿过城市的中心到达伦敦东的Beckton,长约15～25 km。隧道的内径为7.2 m,比大本钟还要宽。隧道埋在地下67 m处,连通34个污染最重的下水管道,并利用重力将污水向东排放。隧道建设在伦敦原有的地下管线和设施的下方,并穿越多种复杂的地形。它旨在升级那套老式的污水处理系统,大幅提高泰晤士河流域水生态及水环境,除此之外,它还将以最可持续性和最具成本效益的方式进行建造。在经过多年讨论之后,伦敦市政府终于决定启动这个造价约达170亿英镑的工程,这个工程预计在2020年完工。工程完成后,伦敦的防洪排涝标准将大幅度提高。泰晤士河隧道路线图及截面示意图如图4-34和图4-35所示。

（4）完善暴雨预警机制。为解决突发性的内涝问题,伦敦管道设计了一个"防暴雨安全应急机制",也就是当降水量过多时,可以允许污水排入泰晤士河,以防城市被淹。在出现洪灾危险时,政府通过电话、手机短信、网站向人们发布警告,几分钟之内就可以迅速传到市民手中。伦敦政府要求地方区县政府部门和地方当局建立强降雨预警制度,制定应对内涝方案等。英国成立"洪水预报中心",该中心综合利用气象局的预报技术和环境署水文知识,就强降雨可能引发地表水泛滥风险发布预警。

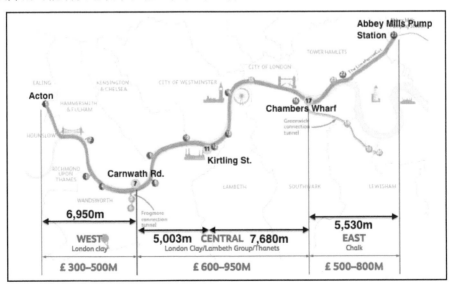

图4-34　泰晤士河隧道路线图

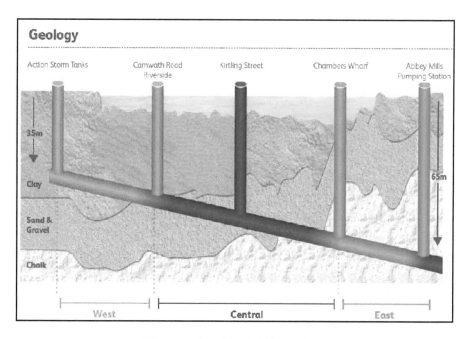

图 4-35　泰晤士河隧道截面示意图

4.4.5　对城市防洪排涝的启示

（1）城市海绵设施是城市防洪排涝不可或缺的一部分。城市开发应遵循海绵城市理念，强化城市雨水源头控制。中国赣州古城，在街区层面，结合城市低洼坑塘水体，自然蓄积雨水，成为源头控制的"雨水花园"。香港也常采用蓄洪池储存从高地流向下游地区的雨水，减小排水系统的高峰径流量。日本在城市中广泛利用公共场所，甚至住宅院落、地下室、地下隧洞等一切可利用的空间调蓄雨洪。伦敦要求所有新开发和重新开发地区都要认真考虑建设屋顶绿化、可渗水步道等既能减轻排水压力，又环保的"可持续排水系统"。

（2）科学进行城市总体规划和防洪排涝规划。城市总体规划与防洪排涝规划应严格控制洪灾风险，一方面是立足"排蓄互补、区域互济"的设计理念，严格保障河道过流能力、调蓄容积以及区域水系连通，科学构建以城市水系为主体的城市排涝系统，如福寿沟连通城内坑塘进行区域水系连通，实现区域互济，同时做到蓄排平衡。另一方面是严格控制开发区块对区域外洪涝的影响，同时确保区块自身的洪涝安全满足要求。如伦敦政府严格把关城市建设规划以控制洪灾风险，特别禁止在洪灾高危地区搞建设，并在城市规划程序各个层面都要进行洪灾风险评估，开发商要对其开发项目进行相关评估。

（3）完善的非工程措施体系建设。一方面包括城市内涝的预警预报体系，如伦敦洪水预报中心综合利用气象局的预报技术和环境署水文知识，就强降雨可能引发地表水泛滥风险发布预警，并制定应对内涝方案等；东京建立了防汛内涝监测系统可整体掌握城区的内涝状况。另一方面及时进行科学的防洪排涝调度，如伦敦制定了调度规则，适时将污水排入泰晤士河，以防城市被淹。

4.5 城市洪涝防御策略

4.5.1 流域系统整体观

城市洪涝防御体系包括城市海绵、小排水系统和大排水系统三个子系统,三者相互联系、相互影响,具有系统性。降雨产汇流具有流域性,城市洪涝同源于流域降雨,以城市大排水系统为主要纽带,上下游、干支流相互联系、相互影响,具有整体性。因此,城市洪涝是一个具有流域性的系统,城市洪涝防御必须由城市海绵、小排水系统和大排水系统共同承担、整体达标,必须是流域上下游、干支流统筹考虑、整体设防。

4.5.1.1 "流域树"结构

城市可以划分为若干流域分区,流域集雨面积一般较小,流域内同时发生暴雨的可能性很大,因此城市防洪排涝体系的研究要以流域为单元,由"地(海绵城市)-管(排水系统)-河(排涝系统)"构成"流域树",其中城市河网构成树干和枝杈,排水分区为树叶(地面、城市海绵、地下排水管网)。"流域树"结构如图 4-36 所示。

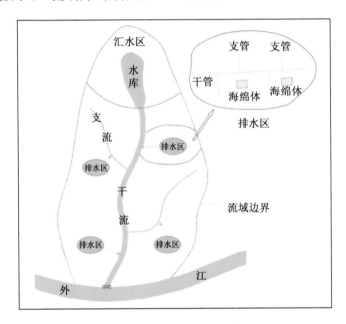

图 4-36 "流域树"结构示意图

4.5.1.2 洪涝同源

一般把无法及时排出而滞留在地面的积水称之为涝,河道水漫溢造成的水淹称之为洪。洪涝同源有两个内涵:(1)无论洪还是涝,都是同源于从"同一片天"降到"同一片流域"的雨水。城市小流域集雨面积一般较小,流域内同时发生暴雨的可能性很大,所以城市洪涝治理规划一般应考虑全流域同时降雨。(2)"流域树"是一个有机的整体,城市流域洪涝过程,实质是降到地面的雨水按"水往低处流"的特性在"流域树"运动的过程。从纵向看,城市河网上中下游、干支流相互联系,上游流量大,则下游水位高,下游水位高又会顶托上游来水。从横向看,"地-管-河"相互耦合,地面排水快,管网流量大;管网的水流慢,地面就会积水;管网排水快,则河道水位高;河道水位高,又会顶托管网排水,甚至漫过堤顶造成水淹。因此,"流域树"是纵向来水和横向来水相互交错的有机整体,洪和涝相互交织,相生相伴。

4.5.1.3 洪涝共治

水利和市政长期以来都是"洪归洪、涝归涝"的治理模式,一说洪灾,首先想到的就是河道整治、堤防加高;一说涝灾,首先想到的就是管网改造扩容。这一模式本质上是头痛医头脚痛医脚。

(1)河道扩宽或加高堤防在高度城镇化地区具有明显的局限性。一则城市寸土寸金,河道没有扩宽的空间;二则加高堤防会严重影响城市的景观和亲水性;三则单一依靠堤防对抗性防御,面对超标准洪水时风险很高。

(2)管网扩容改造也并不非常现实。一是要花费巨资;二是地铁、地下综合空间和地下市政设施的建设占用了大量的城市地下空间,使得大型的雨水管渠无法在道路下找到布设的空间;三是地下管网改造频繁破路,也会影响交通纾解,对居民生产生活产生较大影响。

(3)"洪归洪、涝归涝"的思维忽略排水、排涝的系统性。一是市政排水和水利排涝设计采用的设计雨型不统一,导致对于同样的致灾要素(降雨)采用了两个不同的标准;二是未充分考虑排水系统和排涝系统互为边界条件,市政排水设计主要考虑局部排水区的降雨强度,对承泄区河道的水位顶托考虑不足,水利设计则一般按照流域面积计算产汇流,无法充分考虑地面的水文物理性质和产汇流格局。市政、水利分别采用了不能衔接的两套标准,导致各自达标不等于整体设防达标。如河道设计洪水位高,就单一地加高堤防,高水位行洪又会降低排水系统的排水能力;管网的排水能力不足,一味提高排水管网标准,加大排水流量的同时相当于把风险转嫁到河道下游。

洪涝同源意味着洪涝必须共治。一是要树立防洪排涝体系整体设防达标的概念。城市洪涝相生相伴,不能刻板地界定洪涝的边界。城市内涝防治标准,是指在发生相应频率24小时设计暴雨工况下,城市海绵、小排水系统和大排水系统在整体设防、综合协调作用下达到的城市内涝防治要求。如:当大排水系统、小排水系统推进困难时,可以考虑城市海绵(如调蓄池)承担更多的任务,以保证整个体系能够完成总体目标。如广州某区城市内涝防治标准要从现状20年一遇提升到100年一遇,该流域A涌某断面设计流量需从160 m³/s增大到220 m³/s,在河道加高、拓宽受限的条件下,如何消化增加的60 m³/s流量就是规划的核心。如水利的极限挖潜能力(如降低水库溢洪道高程)只能削峰40 m³/s,其余就要由市政通过建若干分布式调蓄池等措施错峰20 m³/s来实现。市政、水利手拉手,共同制定方案才能整体解决城市内涝,避免按下葫芦浮起瓢。二是城市洪涝治理必须从流域尺度,统筹城市海绵、小排水系统和大排水系统三大要素,采取多元措施,包括"滞、蓄、截、挡、疏、抽、扩、调"。实际工程应用可以因地制宜,采取模块化选配组合思路。流域洪涝共治如图4-37所示。

图 4-37 流域洪涝共治示意图

（1）滞：即通过绿色屋顶、雨水花园、地面透水铺装等手段，进行源头控制，降低产汇流的峰值，减轻排涝压力。其主要作用是延缓雨水径流量形成的时间。例如，通过微地形调节，让雨水慢慢地汇集到一个地方，用时间换空间。通过"滞"，可以延缓形成径流高峰。

（2）蓄：把雨水留下来，以达到调蓄和错峰。可以通过新建蓄水池或进行水库挖潜实现，如疏浚水库或降低水库溢洪道高程，让水库有更大的调蓄空间；可以设置蓄滞洪区，或把湿地公园改造为临时蓄滞洪区，河道流量大时，可以分洪；可以建设分布式雨水调蓄池或利用下凹式绿地、下凹式广场、操场充当临时蓄水池。

（3）截：高水截排，在山脚下建设排洪沟，把山洪排到有防洪富裕度的地方，减轻河道防洪压力，有效防止山水进城。

（4）挡：加高加固堤防。

（5）疏：河道疏浚开卡，使河道行洪更加顺畅。

（6）扩：管网扩容，提高排水标准。

（7）抽：低水抽排，如在河口建泵强排，及时将河涌的洪水排走，降低河涌水位；或者建设雨水泵站，把地面的水抽到承泄河道。

（8）调：优化水工程调度，如提高预报水平，提前预降水库、河道水位。

研究表明，采用多元措施，按 50 年一遇 24 小时暴雨标准设计，甚至可以防御 100～200 年一遇的短历时强降雨，多元措施比单一措施具有更好的韧性。

4.5.2 统一市政排水标准和水利排涝标准

长期以来，由于水利和市政是两个独立的行政部门，水利和市政又分属两个不同的学科，水利和市政分别独立按各自的规范进行设计：城市排水标准按照《室外排水设计规范》，针对产生于城市内较小汇水面积较短历时雨水径流的排除;城市排涝标准按照《城市防洪工程规划规范》,针对较大汇流面积较长历时暴雨产生涝水的排放。排水标准和排涝标准自成体系,无法直接衔接。过去实际工程规划设计,未充分考虑排水系统和排涝系统互为边界条件,如排涝系统的内河水位与排水系统的出流能力互为边界条件。

但城市洪涝同源于流域暴雨,内涝防治标准应该是排水系统和城市排涝系统综合协调作用下的标准。因此,应立足于整体观研究能够统筹市政短历时和水利长历时设计雨型的方法,统一市政排水标准和水利排涝标准。珠江水利科学研究院在开展深圳市和广州市防洪潮排涝规划工作中将市政排水标准和水利排涝标准进行了统一。

4.5.3 把防洪排涝作为城市建设的刚性约束

习总书记提出"以水定城、以水定地、以水定人、以水定产"的城市发展理念,以水定城主要指实行最严格的水资源管理,把水资源作为城市发展的刚性约束。面对日益严峻的洪涝形势,尤其在高密度城镇化地区,应丰富"以水定城"的内涵,在"水资源"刚性约束的基础上,进一步把防洪排涝作为城市建设的刚性约束。

一是强化海绵城市建设,严格工程审批。把"年径流总量控制率"作为城市建设的刚性约束。如规定"建设后的雨水径流量不超过建设前的雨水径流量""新建硬化面积达 1 万 m^2 以上的项目,除城镇公共道路外,每万平方米硬化面积应当配建不小于 500 m^3 的雨水调蓄设施""新建项目硬化地面中,除城镇公共道路外,建筑物的室外可渗透地面率不低于 40%;人行道、室外停车场、步行街、自行车道和建设工程的外部庭院应当分别设置渗透性铺装设施,其渗透铺装率不低于 70%"。

二是把建设项目洪涝风险论证作为城市规划和重大工程项目建设的前置条件。涉水项目必须做防洪评价,这个很好理解,因为在河道中建设项目,可能壅高河道水位,对城市洪涝产生影响。但地面建设对防洪排涝的影响往往被忽视。地面建设可能占用蓄水空间,导致下垫面硬化、改变产汇流格局,同样对洪涝产生影响,因此重大工程必须严格审批。建议论证内容应包括两个方面:第一,工程建设本身是否增加现有防洪排涝体系的排水压力;第二,建设项目自身的洪涝安全是否满足要求。

4.5.4 建设城市内涝实时监测预报预警系统

建设以内涝监测设备和内涝数值模型为核心的城市内涝实时监测预警预报系统。内涝监测设备侧重"点",内涝数值模型侧重"面",两者相辅相成,监测数据可用于检验和修正内涝数值模型,点面结合可以实现洪涝风险的滚动预报。内涝监测设备主要布设于城市易涝区,实时监测城区内易涝点的积水水位、窨井水位和重点河段的河道水位。内涝数值模型核心是"地面-管网-河道"耦合一、二维数学模型。内涝数值模型可根据地面水位、河道水位和水闸泵站的运行情况,以及未来 1~3 小时的降水预报信息,绘制相应的洪水风险图,展示最大淹没水深、淹没历时和最高水位的出现时刻。水务管理部门借助防汛内涝监测系统可整体掌握城区的内涝状况,及时进行科学的防洪排涝调度。交通管理部门通过该系统可实时掌握低洼路段的积水状况,并借助广播、电视、短信、微信等途径为广大群众提供出行指南,避免人员、车辆误入深水路段而造成重大损失。内涝实时监测预报预警系统如图 4-38 所示。

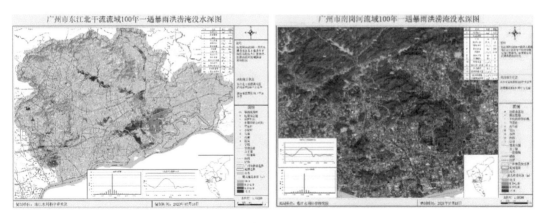

图 4-38 内涝实时监测预报预警系统示意图

4.5.5 建立"政府统筹,水利主导,部门联动"的城市洪涝治理机制

城市洪涝是系统病,城市洪涝治理必须是多元主体。因为涉及多个部门,建议政府对本行政区的防洪排涝工作负总责,区委主要领导作为本行政区防洪排涝第一责任人。水务部门负责"全局战场",对全市防洪排涝体系建设负责以及对堤防、水库、泵站、排水系统等基础设施的建设负责。交通、住建、规划、城管、公安、供电部门要按照"一涝一策"的原则,负责"局部战场"。如交通部门负责道路、涵隧、桥梁等区域的防洪排涝能力建设;住建部门负责地下停车场、地下通道、大型地下商场等地下空间的防洪排涝能力建设。只有"全局战场"和"局部战场"有机结合,才能实现城市内涝标本兼治。城市洪涝治理机制如图 4-39所示。

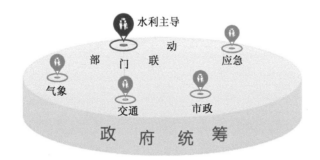

图 4-39 "政府统筹,水利主导,部门联动"的城市洪涝治理机制示意图

4.5.6 统筹流域防洪排涝工程的管理和调度

城市洪涝的发生以流域为单元,不少城市河涌横跨多个行政区域,但防洪排涝工程的管理和调度又分属不同行政部门,现行的管理体制和机制不利于城市防洪的统一规划、统一调度、统一指挥,应对流域型洪水,往往只从局部利益出发考虑,难以系统解决问题。因此,涉及多个行政区域的流域,应建立由上级水务局统一指挥的流域防洪排涝工作机制。

4.5.7　一涝一策，精准施策

不同洪涝点成因不同，必须点对点制定对策。对全市洪涝风险区进行历史资料收集分析，洪涝发生期间的调研尤为重要。有的地方是河水漫溢，需提升河道排涝能力，可通过疏浚河道、增加排涝泵站等措施实现；有的地方要加快健全排水系统建设，雨水收集设施过水能力不足，可增设雨水口，对管道口径较小、管网铺设较少的及时更换和加铺管网，排水口设置不合理的要及时调整；有的低洼地要增设抽水泵站和就近建设调蓄池；有的地方是管道淤积，应加强管道的养护管理和汛前管道疏浚。对于易涝区和重点防护对象（如地铁），应开展综合洪涝风险评估，包括防洪排涝体系自身情况，以及非工程管理方面的管理人员素质、管理水平、防汛物资、设备储备情况，抢险队伍情况等，在此基础上编制专项防洪应急预案，确保应对超标准暴雨洪涝措施的针对性和可操作性，如发生超强暴雨，洪涝风险区隧道要提前禁止通车。

4.5.8　进一步加强城市洪涝科技创新研究

为有效应对城市洪涝灾害，应进一步加强城市洪涝科技创新研究。城市洪涝灾害前沿科学问题主要包括城市洪涝致灾机理与过程模拟、城市洪水灾害的动态风险评估、城市洪涝灾害的动态智慧管理三个方面。

4.5.8.1　城市洪涝致灾机理与过程模拟

城市洪涝致灾是致灾因子、暴露度、脆弱性、回弹性四方面因子相互作用的结果。在气候变化、城镇化扩张等变化环境下，城市洪涝致灾机理和模式均可能随之变化，当中的演化过程值得关注。未来需重点研究气候变化下的城市暴雨特性变化及城镇化扩张对暴雨特性的反作用机理。通过城市雨洪模型和遥感、GIS技术的结合，模拟城市洪涝形成淹没的致灾过程，发展预报预警技术，支撑洪涝风险评估和智慧管理。

实时预报可以大大提升城市洪水预报的作用。与基于重现期的洪水预报方法相比，实时预报的要求更高，目前主要存在两方面的问题。一是预报模型的计算速度，城市洪水预报涉及降雨预报、水文、地表水和雨水管网等诸多模型，各模型处理问题的尺度和条件差异较大，其中地表水流的模拟速度是模型计算的控制因素。二是实时校正的精度，城市洪涝灾害的演变十分迅速，实时预报必须结合实时数据的动态变化，根据预报和监测数据进行动态校正和更新。建立针对城市地貌和管网特征的快速预报模型和基于大规模数据同化的实时校正是城市洪水预报的关键科学问题。

4.5.8.2　城市洪水灾害的动态风险评估

城市洪涝风险评估指标一般分为灾害指标和脆弱性指标，灾害指标又分为制约性因素和激发性因素。现有城市洪涝风险指标体系大多考虑了洪涝灾害正向激发性因素，而对于反向制约性因素考虑不足。未来研究必须能反映和涵盖致灾因素的风险性（强度、概率）、孕灾环境的危险性和承灾体的易损性，构建出完整的城市洪涝灾害风险评估指标体系，并识别指标的权重，确定主次指标。

伴随全球气候变化和城镇化进程的加快,如何发展动态风险分析方法,突出风险时空差异特性已经成为城市洪水灾害管理的一个重要研究问题。关键技术问题是如何构建可以考虑时空动态性的致灾因子时空模型、地理环境时空演变模型、社会经济时空发展模型,以及致灾过程演进模型。风险动态分析还需识别受洪水灾害影响的社会经济要素在时空上的变化,考虑未来经济价值的动态预测,估算灾害对它们造成的损失。

由于致灾因子所在孕灾环境的变化,以及承灾体的脆弱性涉及复杂、动态的社会系统,城市洪水灾害的动态风险分析至今还没有形成被广泛接受的统一方法。随着遥感技术向着高时空分辨率和高光谱分辨率方向发展,及影像融合技术、差分 GPS 技术的进步,信息提取的准确度将会提高。未来城市洪涝灾害的风险研究将会突破指标运算、数值统计的传统思路,逐渐向微观风险机理方向发展,更深层次、更精确化地研究城市洪水灾害风险将成为今后的一个重要突破口。

4.5.8.3　城市洪涝灾害的动态智慧管理

城市洪涝灾害的动态智慧管理需要不断适应伴随气候变化和城市热岛效应的洪涝特征演化,不断适应城市经济社会发展导致的承灾脆弱性变化和城市下垫面变化。

(1) 变化环境下的城市洪涝防御标准问题

研究变化环境下的城市洪涝防御标准问题,必须考虑变化环境下城市雨洪特征的非一致性问题,研究满足新的城市规模、经济社会水平、排水系统及城市(社会)脆弱性要求的城市洪涝防御标准,重新定义并重构变化环境下城市洪涝防御标准的概念,重构变化环境导致的非一致性暴雨径流特征下城市洪涝事件频率和重现期,进而结合城市对洪涝灾害的脆弱性及城市居民对洪涝风险的承受能力,确定不同城市不同发展阶段所对应的城市洪涝防御标准,尤其是城市排涝标准。

(2) 城市洪涝致灾的正反驱动主因素识别与反驱动因素利用

未来的在城市洪涝灾害动态管理中,将充分利用并增强洪涝致灾的反驱动力,如规划控制和管理排水通道(给洪水以适当的空间和出路)、推广低影响开发和海绵城市的城市建设理念与技术(加大透水性下垫面比重,减缓径流产汇积聚速度)等。未来需利用 RS、GIS 及时空统计分析、城市洪涝精细化模拟分析等多种方法,识别城市洪涝致灾的正反主驱动因素及其对城市洪涝致灾的贡献率,并针对主因素采取对应的减缓和规避行动。

(3) 城市洪涝风险及灾害智慧管理

我国目前城市洪涝灾害管理主要还是基于历史经验、暴雨洪水外延预报,以及洪涝淹没损失模拟评估结果,城市洪涝灾害防御尚未实现智能化决策,这直接影响了城市防洪减灾的效果和效益。城市洪涝风险及灾害智慧管理需引入基于多智能体系统的优化配置理论方法,完善雨情、水情、排水系统及城市经济社会信息实时采集系统,耦合物联网技术,构建描述城市洪涝风险损失及其致灾(防减灾)各正反驱动要素的多智能体系统,从而实现城市洪涝灾害管理多智能体之间的协调优化,获得城市洪涝灾害风险控制最优决策。

第五章

基于流域系统整体观的城市洪涝模拟

近年来,我国城市洪涝灾害频发,已成为影响城市公共安全的突出问题和制约社会经济可持续发展的重要因素。本书第四章已经解析了大湾区城市洪涝灾害成因,并提出了以"流域树""洪涝同源、洪涝共治"为核心内涵的流域系统整体观。本章重点阐述当前洪涝防御中设计雨型与数值模拟的研究进展,在流域系统整体观的指导下,统一市政和水利设计雨型,通过建立"城市海绵—市政小排水系统—水利大排水系统"耦合的城市洪涝模型,科学、准确地模拟城市洪涝过程,合理评估洪涝防治多元措施的效果,为城市洪涝灾害防治提供技术支撑。

5.1 设计雨型与洪涝模拟研究进展

设计雨型描述了暴雨强度过程,不同的设计雨型对产汇流及调蓄计算均有重要的影响,是城市洪涝灾害防治规划的基础。国外对设计雨型研究起步较早,已有较多研究成果。国内对设计雨型研究起步相对较晚,主要集中在水文和城市规划领域,且不同研究领域对设计雨型选样、场次划分、场雨间隔时间、雨型的选择均有不同的理解和争议。岑国平等人研究了四种设计雨型并对比分析,得出芝加哥雨型效果较好;王家祁选择多场实测降雨,提出"短推长"和"长包短"两种雨型方法;杨星等提出了风险率模式下的设计雨型;俞露等以深圳市气象站 1963—2013 年逐分钟降雨数据为基础,分别采用芝加哥雨型和同频率法推求长、短历时设计雨型;朱勇等探讨了杭州市长、短历时设计雨型的选用方法,得出短历时优先选用 P.C 成果,长历时建议采用同频率法成果;李志元等以南方某城市为例,研究了三种雨型推求方法,并综合分析了其优缺点和适用范围;刘媛媛等将基于动态聚类的机器学习算法运用于城市短历时暴雨时空分布规律研究,为城区降雨设计提供了新的思路。总体而言,目前市政排水和水利排涝的设计雨型仍无规范统一方法,亟需构建两者的衔接关系,以确保洪涝共治对策的有效性。

城市洪涝模型是城市洪涝灾害防治设施工程规划与设计、洪涝风险评估与预警预报的科学基础,长期以来是国内外研究的热点问题,主要集中在城市化对径流特性的影响分析、城市洪涝模拟等方面。张建云等系统归纳了城市化水文效应评估方法和技术手段,剖析了水循环过程对快速城市化进程的响应机制。宋晓猛等从城市雨洪模型构建的角度,阐述了各种城市雨洪产汇流计算方法的特点、适用性和局限性,提出了城市雨洪模型的概念性框架与基本流程。蒋卫威等从降水时空变异性、人工基础设施、下垫面空间变异性等三个方面,总结了城市水文与水动力过程对变化环境与人类活动的响应机制。徐宗学和程涛详细总结了城市化水文效应、城市产汇流理论、城市雨洪模型等方面的国内外研究进展,指出城市化水文效应与产汇流理论是当前和未来一段时间研究的重点和难点之一。刘家宏等考虑不同透水性地面的差别和地下建筑物对入渗过程的影响,将城市区域细分为不透水、透水、半透水、伪透水、强透水等单元,建立了城市水文模型。李娜等将 SCS 法降雨产流模型与地面二维水力学模型进行耦合,用于评估低影响开发措施内涝削减效果。戎贵文等提出了屋面雨水源头调控技术,为实现雨水就地积存、渗透提供了支撑。目前已有学者提出并建立了"河道-管网-地表"耦合的城市洪涝模型,但是,基于流域系统整体观,利用耦合模型指导城市洪涝治理及规划的相关研究尚不多见。

5.2　统一市政排水和水利排涝的设计雨型

基于洪涝治理的流域系统整体观,为更好统筹小排水系统和大排水系统,必须统一设计雨型。同时,从偏安全角度考虑,采用的设计雨型须同时兼顾水利长历时降雨的量和市政短历时降雨的峰,即降雨过程统一,长历时降雨涵盖短历时降雨。本章以广州某流域设计雨型为例加以说明。

5.2.1　基于"大包小"概念的暴雨强度

目前已有《广州市中心城区暴雨公式及计算图像》(2011 年,市政,以下简称"暴雨强度公式")和《广东省暴雨参数等值线图》(2003 年,水利,以下简称"等值线图")等设计暴雨成果,前者从市政角度出发,可推求历时 3 h 以内暴雨强度,后者从水利角度出发,可推求以小时为单位时段的 24 h 降雨过程。

表 5-1　A 流域"暴雨强度公式"和"等值线图"设计暴雨成果表　　　　单位:mm

重现期	暴雨强度公式			等值线图				
	10 min	1 h	3 h	10 min	1 h	3 h	6 h	24 h
100 年	43	114	189	50	127	190	235	347
50 年	41	106	172	46	114	173	212	312
20 年	37	95	147	39	98	147	180	263
10 年	33	85	126	34	84	122	155	226
5 年	30	75	108	29	71	102	128	187

由表 5-1 可知,重现期为 100 年、50 年和 20 年时,"等值线图"设计暴雨均大于"暴雨强度公式";重现期为 10 年时,"等值线图"10 min 设计暴雨大于"暴雨强度公式",1 h、3 h 设计

暴雨则相反;重现期为 5 年时,"等值线图"设计暴雨均小于"暴雨强度公式"。综合"暴雨强度公式"和"等值线图"成果,采用"大包小"方法统一两者设计暴雨,如表 5-2 所示。

表 5-2　A 流域设计暴雨成果表　　　　　　　　　　　　　　　　单位:mm

重现期	10 min	1 h	3 h	6 h	24 h
100 年	50	127	190	235	347
50 年	46	114	173	212	312
20 年	39	98	147	180	263
10 年	34	85	126	155	226
5 年	30	75	108	128	187

5.2.2　基于"长包短"概念的暴雨过程

根据《广东省暴雨径流查算图表》(1991 年),A 流域位于珠江三角洲 I 区,可得逐时设计雨型,在保证各历时降雨与设计暴雨一致的前提下,采用"长包短"的方法进行 1 h、3 h、6 h 和 24 h 分段控制,并进行归一化处理,如表 5-3 所示。

表 5-3　A 流域分时段控制设计雨型　　　　　　　　　　　　　　单位:mm

时程	1 h	2 h	3 h	4 h	5 h	6 h	7 h	8 h	9 h	10 h	11 h	12 h
占 H_1 %										100		
占 (H_3-H_1) %									53.1		46.9	
占 (H_6-H_3) %							25.7	39.2				35.1
占 $(H_{24}-H_6)$ %	1.5	2.9	3.6	8.8	10.7	11.3						
时程	13 h	14 h	15 h	16 h	17 h	18 h	19 h	20 h	21 h	22 h	23 h	24 h
占 $(H_{24}-H_6)$ %	9.7	7.8	8.8	5.5	5.4	4.8	3.3	3.3	2.5	4.0	3.6	2.7

按照 10 min 及逐小时控制各频率设计雨量,利用暴雨公式 $H_{tp} = S_P \times t^{1-n_p}$,得到逐 10 min 降雨过程。

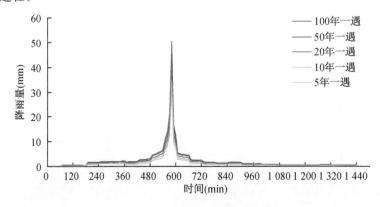

图 5-1　A 流域设计暴雨过程

5.3 "城市海绵-小排水-大排水"耦合水文水动力模型

5.3.1 城市洪涝水文水动力耦合模型

由"流域树"概念可知,城市洪涝模型由流域坡面产汇流模型、水库调洪演算模型、河道洪水演进模型、管网模型、城区地表洪水演进模型等耦合组成。

(1) 流域坡面产汇流模型

采用基于地形指数的分布式水文模型进行流域坡面产汇流计算。模型假设在 DEM 的每一个栅格上有 2 种不同的蓄水单元:河道、坡面。栅格上的径流形式分为地表径流和地下径流两种。栅格上地表径流量,可以表示为上下游栅格的地表径流量,栅格地表径流入流量(Q_{in})为相邻栅格中比它高程要高的栅格点地表径流出流量(Q_{out})之和。栅格地下径流入流量(QG_{in})与地表径流入流量相似,等于相邻栅格中比它高程要高的栅格地下径流出流量(QG_{out})之和。流域产流机制为蓄满产流,考虑当土壤达到栅格点蓄水能力时产生地表径流。流域各栅格点蓄水能力(S_{max})与该栅格点地形指数[$Tn=\ln(a/\tan\beta)$]相关,其关系式可以表示为

$$S_{max} = S_0 + \left(\frac{Tn_i - Tn_{min}}{Tn_{max} - Tn_{min}}\right)^m \times S_m$$

式中:a 为单位等高线长度的汇水面积(m^2);$\tan\beta$ 为该点处的坡度;i 表示栅格空间位置;Tn_i、Tn_{min} 和 Tn_{max} 分别为栅格 i 的地形指数、流域最小地形指数和流域最大地形指数;S_0 表示流域最小蓄水能力(mm);S_m 表示流域蓄水能力变化值(mm);m 为指数参数。

栅格上每段河道的流量演算采用马斯京根法。此外,采用线性叠加方式,将上游几个河道演算所得到的出口流量对应时段之和作为汇流栅格节点的流量。据此可得子流域出口断面的流量过程,并将之作为水库调洪演算模型、河道洪水演进模型的流量边界条件。

(2) 水库调洪演算模型

水库调洪演算的目的是在入库洪水过程、库容曲线、泄洪建筑物的型式尺寸以及调度规则确定的条件下,推求下泄流量过程和库水位过程。水库调洪演算的实质就是联合求解下述水量平衡方程和蓄泄方程。

$$V_t = V_{t-1} + \left(\frac{Q_t + Q_{t-1}}{2} - \frac{q_t + q_{t-1}}{2}\right)\Delta t$$

$$q_t = f(V_t)$$

式中:V_t、V_{t-1} 为 t 时段末、初水库蓄水量(m^3);Q_t、Q_{t-1} 为 t 时段末、初入库流量(m^3/s);q_t、q_{t-1} 为 t 时段末、初水库下泄流量(m^3/s);Δt 为时段长;$f(V_t)$ 为下泄能力函数(与具体水库泄洪设备有关)。

(3) 河道洪水演进模型

采用圣维南方程组作为单一河道非恒定流控制方程:

$$\frac{\partial Z}{\partial t} + \frac{1}{B}\frac{\partial Q}{\partial x} = \frac{q}{B}$$

$$\frac{\partial Q}{\partial t} + gA\frac{\partial Z}{\partial x} + \frac{\partial}{\partial x}(\beta uQ) + g\frac{|Q|Q}{c^2 AR} = 0$$

式中：x 为里程(m)；t 为时间(s)；Z 为水位(m)；B 为过水断面水面宽度(m)；Q 为流量(m³/s)；q 为侧向单宽流量(m²/s)，正值表示流入，负值表示流出；A 为过水断面面积(m²)；g 为重力加速度(m/s²)；u 为断面平均流速(m/s)；β 为校正系数；R 为水力半径(m)；c 为谢才系数，$c = R^{1/6}/n$，n 为曼宁糙率系数。

通过以下公式，建立河网的汊点连接模式：

$$\sum_{i=1}^{m} Q_i = 0$$

$$Z_1 = Z_2 = \cdots = Z_m$$

式中：Q_i 为汊点第 i 条支流流量(m³/s)，流入为正，流出为负；Z_i 表示汊点第 i 条支流的断面平均水位(m)；m 为汊点处的支流数量。

水闸断面的通量由水闸过流公式确定。闸门关闭情况下，过闸流量 $Q=0$；闸门开启情况下，过闸流量按宽顶堰公式计算。

$$自由出流：Q = mB\sqrt{2g}H_0^{1.5}$$

$$淹没出流：Q = \varphi B\sqrt{2g}H_s\sqrt{Z_u - Z_d}$$

式中：Q 为过闸流量(m³/s)；m 为自由出流系数；φ 为淹没出流系数；B 为闸门开启总宽度(m)；Z_0 为闸底高程(m)；Z_u 为闸上游水位(m)；Z_d 为闸下游水位(m)；H_0 为闸上游水深(m)；H_s 为闸下游水深(m)。

（4）管网水动力模型

管网明满流方程如下：

$$\frac{\partial Z}{\partial t} + \frac{1}{B}\frac{\partial Q}{\partial x} = q_L$$

$$\frac{\partial Q}{\partial t} + \frac{\partial}{\partial x}\left(\frac{Q^2}{A}\right) + gA\frac{\partial Z}{\partial x} + gAS_f + gAh_L = 0$$

式中：Z 为明渠流水位或压力流水头(m)；B 为明渠流过水断面水面宽(m)，压力流时为 0；q_L 为单位流程上单位宽度上的旁侧入流(m/s)；S_f 为摩阻坡降，采用曼宁公式计算 $S_f = \frac{g}{c^2}$，$c = \frac{h^{\frac{1}{6}}}{n}$；$h_L$ 为单位流程上旁侧出流的明渠流水位或压力流水头(m)。

Preissmann 狭缝法假定管道顶部存在一个无限长、宽度为 B 的狭缝：

$$B = \frac{gA}{a^2}$$

式中：A 为断面的过水面积(m²)；a 为波速(m/s)。

（5）城区地表洪水演进模型

采用守恒形式的二维浅水方程：

$$\frac{\partial \boldsymbol{U}}{\partial t} + \frac{\partial \boldsymbol{E}^{\text{adv}}}{\partial x} + \frac{\partial \boldsymbol{G}^{\text{adv}}}{\partial y} = \boldsymbol{S}$$

式中：$\boldsymbol{U}$ 为守恒向量；$\boldsymbol{E}^{\text{adv}}$、$\boldsymbol{G}^{\text{adv}}$ 分别为 x、y 方向的对流通量向量；$\boldsymbol{S}$ 为源项向量。

$$\boldsymbol{U} = \begin{bmatrix} h \\ hu \\ hv \end{bmatrix} \quad \boldsymbol{S} = \begin{bmatrix} 0 \\ g(h+b)S_{0x} \\ g(h+b)S_{0y} \end{bmatrix} + \begin{bmatrix} 0 \\ -ghS_{fx} \\ -ghS_{fy} \end{bmatrix} + \begin{bmatrix} r-i \\ 0 \\ 0 \end{bmatrix}$$

$$\boldsymbol{E}^{\text{adv}} = \begin{bmatrix} hu \\ hu^2 + \dfrac{1}{2}g(h^2-b^2) \\ huv \end{bmatrix} \quad \boldsymbol{G}^{\text{adv}} = \begin{bmatrix} hv \\ huv \\ hv^2 + \dfrac{1}{2}g(h^2-b^2) \end{bmatrix}$$

式中：h 为水深（m）；u、v 分别为 x、y 方向流速（m/s）；b 为底高程（m）；r 为降雨强度（m/s）；i 为入渗强度（m/s）；g 为重力加速度（m/s²）；$S_{fx} = n^2 uh^{-4/3}\sqrt{u^2+v^2}$、$S_{fy} = n^2 vh^{-4/3}\sqrt{u^2+v^2}$ 为摩阻斜率；$S_{0x} = -\partial b(x,y)/\partial x$、$S_{0y} = -\partial b(x,y)/\partial y$ 为底坡斜率，n 为曼宁糙率系数。

（6）耦合模型

河道-地表模型的侧向耦合：侧向耦合界面处需要满足流量约束条件，即保证一维河道、二维地表模型间水量及动量守恒。因此，通过"互相提供边界"的方式实现河道-地表模型的侧向耦合，即将每相邻两个断面间的河道边界作为一个耦合边界，在二维模型中，各耦合边界被定义为独立的水位边界，其边界节点的水位值由相邻两个上、下游断面的水位按照反距离插值得到；在一维模型中，各耦合边界被定义为旁侧入流；一维-二维模型侧向耦合求解时，在每一计算时间步长内，首先进行一维模型计算，并将耦合边界的上、下游断面水位传递给二维模型；然后通过二维模型计算，将得到的耦合边界流量以旁侧入流的方式传递给一维模型。据此可以模拟溃漫堤洪水演进过程。

河道-管网模型的侧向耦合：管网水头较高时，水流通过排水口进入河道；河道水位较高时，可对管网排水造成顶托甚至倒灌。因此，通过"互相提供边界"的方式实现河道-管网模型的侧向耦合，即将河道水位作为管网排水口的水位边界，进行管网计算；将管网排水口的流量计算结果作为河道的旁侧入流/出流边界。

管网-地表的竖向耦合：竖向耦合方法与侧向耦合类似，即通过"互相提供边界"的方式计算管网-地表的交换流量，再进一步对模型状态进行更新。

5.3.2　数值求解方法

采用一维有限体积法和汊点水位预测-校正法进行河网模型求解，该方法实现了河网内各河段、河段内各断面的完全数值解耦，计算稳定性好；采用二维有限体积法进行地表洪水演进模型求解，并结合 GPU 并行计算技术实现了模型快速计算；通过构造并求解 Riemann 问题实现河道-地表模型的侧向耦合，有效克服了基于堰流公式的传统方法难以适用不规则溃口、公式中流量系数选取存在不确定性等缺点;基于 SWMM 开源模型代码实现管网模型求解及城市海绵措施模拟,并通过开发数据接口实现自主研发模型与 SWMM 模型的耦合计算。相关求解方法可参考相关文献,本章在此不再赘述。

5.4 案例分析

5.4.1 研究区域概况

本案例研究区域(图 5-2)上游为高丘陵区,属侵蚀台地丘陵,地势较高,雨水借助地势汇入河涌,山丘、田野、村落、工厂错落分布。下游为冲积平原,地势平坦,地面高程在 5.4~8.7 m 左右(广州城建高程,下同),河涌众多。干流全长 18.5 km,流域面积为 56.7 km²,干流上游建有小(I)型水库一座,总库容 730 万 m³。流域内干流及部分支流已按规划 20 年一遇标准进行达标整治,支流 2 和支流 4 未整治;排水管网达到 5 年一遇标准约 72 km,占比约 50%,其余基本为 1~2 年一遇。根据《室外排水设计规范》(GB 50014—2006,2016 版本)3.2.4 条,流域中下游城市中心城区的规划内涝防治设计重现期为 100 年。

该区域属于高度城市化地区,内涝标准从 20 年一遇提升到 100 年一遇,必须充分考虑经济合理性原则和约束性原则。城市土地空间有限,寸土寸金,河道、管网提升空间明显不足,在有限的土地空间进行防洪排涝的工程布局,洪涝的精细化模拟是个关键问题。以往城市洪涝防治对策研究工作中采用综合单位线法推求设计洪水过程,该方法忽略了管网汇流、城市下垫面水文物理性质和产汇流格局等城市化地区特有的产汇流影响因素,计算过于简化,不能满足高密度城市化地区洪涝防治工程布局的要求。本章构建"城市海绵-小排水-大排水"耦合水文水动力模型,可以充分考虑城市海绵、小排水、大排水之间以及流域上下游、干支流之间的相互联系,通过河道流量、河道水位、地面淹没情况,整体评估工程布局的洪涝防御效果,科学指导工程布局优化。

5.4.2 模型构建

(1)基础数据概况

所采用的基础数据包括现状管网数据、1 m 精度 DEM 数据、基于 2020 年遥感影像提取的土地利用类型数据。干流及主要支流的断面采用实测资料及最新整治设计断面,其余支流通

图 5-2 流域范围及水系分布示意图

过 DEM 和遥感数据提取河底高程和河宽,并结合平均水深对河底高程进行修正,水库起调水位按汛限水位考虑。

（2）耦合模型构建

一维河道模型范围上至干流上游的水库,下至河口。下游采用水位边界,河道沿程与管网模型耦合;二维模型模拟地面的漫流和内涝积水过程,模型范围共 56.7 km²,划分 20 万个三角形网格,最小网格面积 100 m²;管网模型模拟研究区域的管网汇流过程,利用 DEM 划分子汇水区,根据土地利用资料确定每个子集水区的不透水率,模型范围包括干流水库以下共 49.7 km² 的区域,4 223 个子集水区、4 581 个管井、4 397 条管道。三个模型分别构建完成后进行耦合,一维河网模型与管网模型排水口之间共构建 202 个耦合连接,二维模型与管网模型之间共构建 4 195 个耦合连接,一、二维模型之间共构建 11 个耦合链接。耦合模型如图 5-3 所示。

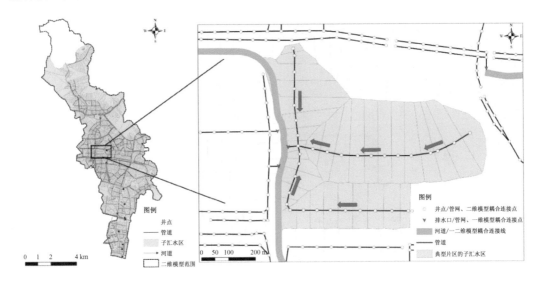

图 5-3　耦合模型示意图

5.4.3　模型验证

基于河道设计水面线成果对一维模型糙率进行初始率定,基于土地利用数据对二维模型糙率进行赋值。结合广州"5·22"暴雨洪涝淹没调查成果及广州市水旱灾害防御中心一雨一报表数据,进一步对耦合模型进行参数率定验证。根据实测降雨资料,"5·22"暴雨历时约 10 小时,最大 1 小时降雨约 3 年一遇,最大 6 小时降雨约 20 年一遇。由计算结果图 5-4 可知,本次淹没总面积约为 0.12 km²,淹没范围与实际水淹点位置基本一致。16 处验证点的洪涝淹没最大水深计算值与实测值对比见图 5-5,由结果可知,计算值与实测值较为一致,误差范围在 ±0.2 m 以内,表明模型精度较高,可有效模拟城市暴雨洪涝淹没。

5.4.4　现状洪涝防御能力分析

利用率定后的城市洪涝耦合模型,计算发生 20 年、100 年一遇设计暴雨条件下流域出口断面洪水过程,20 年一遇洪峰流为 314 m³/s,100 年一遇洪峰流量为 390 m³/s(图 5-6)。

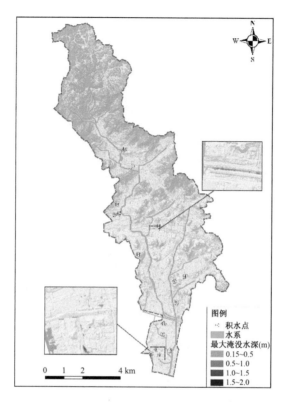

图 5-4 广州"5·22"暴雨洪涝淹没水深计算结果

初步估算流域需削峰 76 m³/s,滞蓄洪量 120 万 m³。作为比较,采用传统综合单位线法计算流域出口 100 年一遇洪峰流量为 460 m³/s(图 5-6)。本次计算设计洪水较综合单位线法偏小约 15%,洪峰提前约 2 小时,主要因为传统综合单位线法未考虑地面淹没积水、管网和河道过流能力对流域产汇流过程的影响,故本次计算结果洪峰较综合单位线法偏小,洪峰提前。

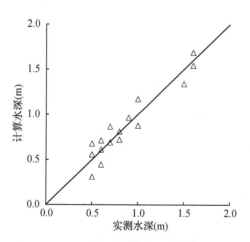

图 5-5 16 处水淹点最大水深计算值与实测结果对比

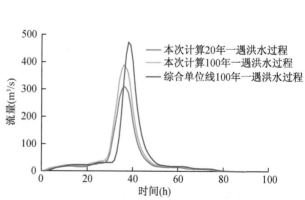

图 5-6 流域出口断面洪水过程

现状河道 100 年一遇水面线见图 5-7。由结果可知,干流及右支河道下游发生漫溢,堤岸最大欠高 0.7 m,发生漫溢河道长 2.0 km,约占干流河长 11％;左支下游河道局部发生漫溢,堤岸最大欠高 0.3 m,发生漫溢河道长 0.6 km,约占左支河长 12％;管道充满度及淹没水深见图 5-8,满管管道长度占比为 85％;受排水口处河道水位顶托,管道发生溢流长度约占比 35％,发生区域主要为下游干管和标准较低的管段。流域共有淹没水深大于 0.15 m 的积水点 37 个,淹没总面积约为 1.34 km²;水深大于 0.5 m 的淹没总面积约为 0.52 km²;淹没区域与河道漫溢、管道溢流位置基本一致,其余部分集中在地势低洼区域。综上,流域现状与 100 年一遇内涝防治标准差距较大。

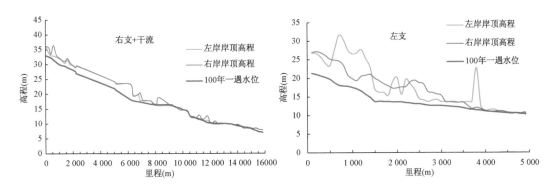

图 5-7　现状河道 100 年一遇水面线

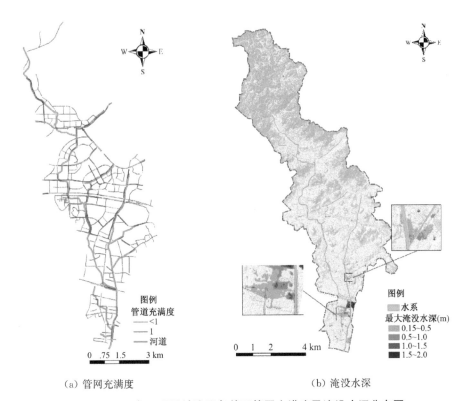

（a）管网充满度　　　　　　　　　　（b）淹没水深

图 5-8　100 年一遇设计降雨条件下管网充满度及淹没水深分布图

5.4.5　工程布局优化

本案例基于"流域树"建设理念,从全流域出发,统筹上下游、左右岸,统筹水库、坑塘、管网、河道,流域洪涝治理工程布局优化技术路线见图5-9。首先,结合城市洪涝模型对现有流域洪涝防御体系防御能力进行评估,依据管道充满度、河道水位、地面高程、淹没水深分布图,诊断流域洪涝成因;其次,结合城市用地规划、更新改造、周边环境因素及工程经验可知干流及右支、左支下游无条件加高、扩宽,无法直接提升河道防洪标准,通过上游水库挖潜、结合城市旧改增加滞蓄设施、现有坑塘利用、新建湿地公园(蓄滞洪区)进行滞洪削峰,间接系统提高流域标准;管道直接扩容提标难度大,通过流域上游滞蓄洪水和局部支流河道整治,降低河道水位,间接减小管网来水量和增加管道水力坡降,系统提升管道应对暴雨能力;对于局部地势低洼区域,结合城市旧改进行场坪抬升,无旧改区域,采取泵站抽排措施;依据流域现状洪涝体系防御能力,结合工程经验初步拟定工程措施规模,流域治理工程措施分布见图5-10;最后,采用城市洪涝模型分析流域洪水过程、水位变化、管道充满度、淹没水深及范围,对规划工程效果进行评估,如不满足规划目标,则对工程布局及规模进行优化,直至满足规划目标。

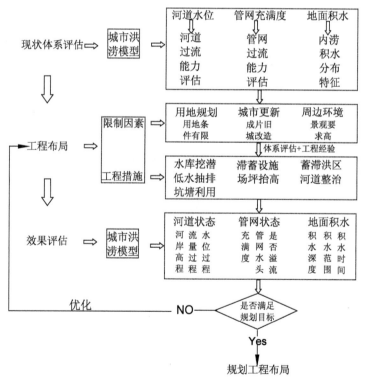

图 5-9　流域洪涝治理工程布局优化技术路线图

流域洪水由城市海绵(坑塘、滞蓄设施)、小排水、大排水(河道、湿地公园、水库、泵站)等进行控制,流域规划工程措施如下。

(1) 水库挖潜:对上游水库进行挖潜,通过降低溢洪道高程,并增设闸门,提前预泄,确保 100 年一遇暴雨条件下水库不泄洪,可削峰 40 m³/s,增加蓄洪 55 万 m³。

（2）河道整治：对 2 条支流进行扩宽整治，长度分别为 2.1 km 和 1.5 km，宽度分别为5 m 和 11 m。

（3）湿地公园：新建 2 座湿地工程，占地 27 hm²，增加调蓄容积 25 万 m³，并增设闸门控制，当河道水位超过阈值时，进行分洪，可削减洪峰 15 m³/s。

（4）场坪抬高：结合城市旧改，对 378 hm² 局部低洼地区进行场坪抬高。

（5）坑塘利用：对流域内现有的 35 座坑塘进行改造，这些坑塘占地 27.5 hm²，增加调蓄容积 38 万 m³，总调蓄容积达 69 万 m³，对区域涝水进行削峰控泄，可削减洪峰 20 m³/s。

（6）滞蓄设施：流域内旧城改造面积共 708 hm²，结合城市旧改，每公顷新建 500 m³ 滞蓄设施，共 35.4 万 m³，对片区涝水进行削峰控泄，可削减洪峰18 m³/s。

（7）低水抽排：对局部地势低洼，亦无旧城改造区域进行低水抽排，低水区面积共 3.1 km²，新建泵站流量规模 25 m³/s。

100 年一遇设计暴雨工况下，实施工程后，流域出口断面洪峰由 390 m³/s 削减至 308 m³/s；流

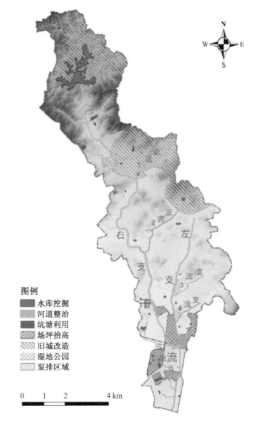

图例
- ▪ 水库挖掘
- ▪ 河道整治
- ▪ 坑塘利用
- ▨ 场坪抬高
- ▨ 旧城改造
- ▨ 湿地公园
- ▫ 泵排区域

0　1　2　　　4 km

图 5-10　治理措施分布图

域内洪涝水淹点减至 6 个，最大淹没水深均不超过 0.15 m；河道设计水位整体基本低于堤顶高程0.5 m。综上，在规划工程实施后，流域整体上可有效应对 100 年一遇降雨。工程实施后流域出口断面洪水过程及河道 100 年一遇水面线如图 5-11 和图 5-12 所示。

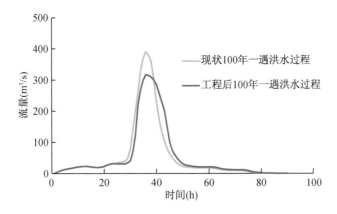

图 5-11　工程后流域出口断面洪水过程

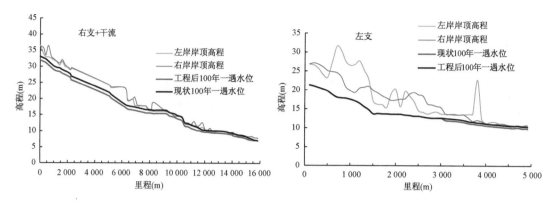

图 5-12　工程实施后河道 100 年一遇水面线

5.5　结语

随着我国城市化快速发展,城市洪涝问题越发凸显,然而传统洪涝分治的治理思路缺乏系统性和整体性,无法科学指导城市洪涝治理。本章以大湾区典型流域片为例,在统一水利和市政雨型基础上,运用"城市海绵-市政小排水系统-水利大排水系统"耦合城市洪涝模拟模型,指导流域洪涝治理工程布局。主要结论如下。

(1)城市洪涝治理要以流域为研究单元,坚持流域系统整体观,树立防洪排涝体系整体设防达标的概念。流域系统整体观包括"流域树""洪涝同源、洪涝共治"等核心内涵。

(2)基于流域系统整体观,采取"大包小""长包短"方法统一市政排水与水利排涝设计雨型,可实现水利和市政的有机衔接。

(3)城市土地空间有限,城市河道、排水管网的提升改造空间明显不足,洪涝治理工程布局必须同时考虑经济性和约束性原则,故洪涝过程的精细化模拟尤为关键。运用"城市海绵-市政小排水系统-水利大排水系统"耦合城市洪涝模拟模型,按流域系统整体观充分考虑城市海绵、小排水、大排水之间以及流域上下游、干支流之间的相互联系,同时实现洪涝过程精细化模拟,可科学指导工程布局优化。

第六章

城市洪涝灾害监测预报预警

　　洪涝灾害防御体系包括工程措施和非工程措施,在应对设计标准内的洪涝灾害时,主要依靠工程措施防御,非工程措施作为工程措施的有力补充,在应对超标准洪涝灾害时,合理利用非工程措施可以最大限度地减少伤亡和损失。监测预报预警是防御城市洪涝灾害的重要非工程措施。

　　洪涝监测是指通过信息化技术实现在线获取水情、雨情等要素的过程,是城市洪涝灾害防御的眼睛,通过建立科学的监测体系,可准确把握当前的整体洪涝形势。城市洪涝预报是指根据洪涝形成和变化的规律,利用水雨情等资料,对特定区域未来一段时间的洪涝发展情况进行预测,是城市洪涝灾害防御的大脑。准确及时的预报能指导水利工程提前合理调度,采取科学的防洪排涝措施,有效进行防灾减灾。洪涝预警是对可能发生的城市洪涝灾害风险进行提前警示及发布,对减少人员伤亡和财产损失具有重要作用,是城市洪涝灾害防御的落脚点。监测预报预警是一个相互联系的整体,监测数据为洪涝灾害模拟预报提供了基础数据,也是率定和评估预报模型质量的关键,洪涝灾害预报结果则是预警信息发布的基础和重要依据。本章基于广州市洪涝滚动预报系统平台的建设,集成洪涝数据、实测降雨数据、预报降雨数据等,通过耦合多模型进行洪涝模拟计算,实现城市洪涝的预报、预警、历史事件分析等功能,为城市洪涝防御工作提供科学的决策支持。洪涝监测预报预警关系如图 6-1 所示。

6.1　城市洪涝监测

　　防御城市洪涝灾害需要大量的基础数据作为支撑,城市洪涝监测是破解当前城市洪涝防御难题的关键。城市洪涝的发生涉及众多要素,监测对象主要包括雨量、水位、流量、积水、排水管网、水利工程及设施等。近年来大湾区城市建设不断加速,传统的洪涝监测体系存在明显短板,已无法适应城市快速发展的需要,应充分利用新技术、新方法,科学全面地统筹规划城市洪涝监测体系。建立一套全面覆盖、全民参与、全社会共享的内涝监测系统是解决洪涝问题的基础。

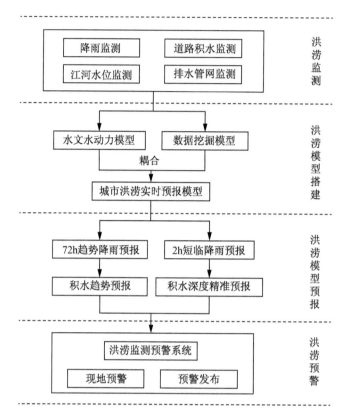

图 6-1　洪涝监测预报预警关系拓扑图

6.1.1　城市洪涝监测现状及问题

大湾区城市洪涝监测短板明显,主要体现在三个方面。(1)监测设施数量少、覆盖率低。以广州为例,现有各类水库 361 座,已实现自动监测的不足 60%,现有内涝积水点 443 个,已实现自动监测的不足 25%。(2)监测手段落后,新技术应用不足。目前大量的监测站仍在使用超短波和 2G 等落后通信技术,建设方式仍以立杆和建站房为主,已无法适应城市发展需求。(3)监测数据无法充分发挥效益,数据的共享程度不高,不同部门之间尚存在数据交换壁垒。

6.1.2　城市洪涝监测关键技术及趋势

通常的洪涝监测通过传感器测量各类要素,利用无线通信网络将数据传输至数据接收中心,并需要电源系统保障其正常运行。传感器技术、无线通信技术与电源技术是城市洪涝监测的三大关键技术。洪涝监测系统组成如图 6-2、图 6-3 所示。

随着大湾区城市化进程加快,城市洪涝灾害的监测对象不断增多,监测内容不断丰富,监测场景复杂多样,对监测的可靠性、稳定性、精确性等提出了更高的要求。新技术是推动行业进步的强大动力,例如,在交通行业,利用人工智能技术对交通违法行为进行监管,有效提升了交通部门的监管水平;在电力行业,利用 5G+无人机技术对架空线路进行巡检,显著提高了巡检效率。新技术与水利监测业务的深度融合，将成为未来城市洪涝监测发展的一大趋势。

（1）传感器是获取洪涝监测数据的基础，粤港澳大湾区洪涝灾害对传感器应用提出了新的技术需求。

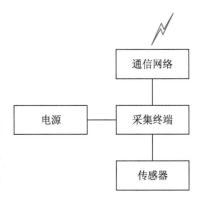

图6-2　洪涝监测系统组成示意图

传感器是测量各种水文要素的基本仪器设备，常规的洪涝监测以采用单一的传感器为主。以雨量监测为例，通常采用翻斗式雨量计或超声波雨量计，水位监测可根据监测场景不同选用浮子水位计、压力式水位计、雷达水位计（图6-4）。单一传感器受制于测量原理、测量方法，在精度、量程、稳定性等方面均可能存在不足，随着传感器成本的不断降低，综合利用多种不同类型的传感器，可实现更精确、更稳定、更高频次的洪涝监测。如在城市管网液位监测中，采用非接触式的雷达水位计具有安装方便、测量精度高等优点，但存在较大的测量盲区，可增加压力式水位计对雷达水位计的盲区进行补偿，一方面实现管网液位的全量程监测，另一方面采用双传感器冗余备份提高了测量稳定性。

粤港澳大湾区是全球高度城市化地区之一，中心城区寸金寸土，传统城市洪涝监测设施占地空间问题日益凸显。在微电子技术基础上发展起来的微机电系统，其内部结构一般仅在微米甚至纳米量级。创新应用微机电系统等新型传感器技术，实现监测传感器的小型化、一体化，满足城市洪涝场景化监测需求。例如在城市内涝积水监测中，立杆式的监测方式体积大，建设施工协调难度大，对城市交通造成影响，而采用一体化的内涝监测设备，体积小巧，安装维护便利，实现了内涝监测的快速部署（图6-5）。

（2）粤港澳大湾区通信网络发达，综合利用多种通信技术实现洪涝灾害监测数据的快速安全可靠传输。

早期的水文自动测报系统采用超短波通信方式，网络受地形地物影响较大，需要自建中继，已被GPRS通信取代。GPRS通信稳定可靠，投资使用费用低，目前大量水文监测仍采用GPRS通信网络，但GPRS难以满足图像（视频）等大数据量的传输需求，随着4G的普及，网络运营商逐步淡化GPRS网络，水文监测开始向4G网络靠拢。粤港澳大湾区处于科技发展的前沿阵地，5G、窄带物联网、北斗卫星等新通信技术发展迅猛，为大湾区洪涝灾害监测提供了新思路新活力。

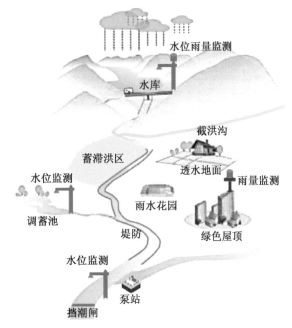

图6-3　流域洪涝监测典型示意图

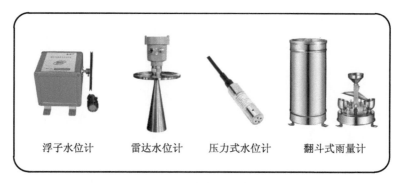

图 6-4　常见的监测传感器

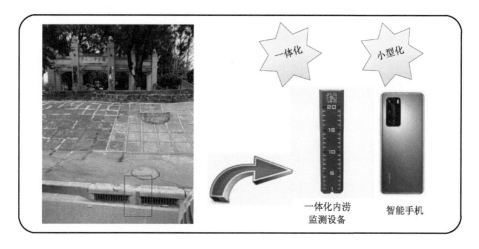

图 6-5　一体化内涝监测设备示意图

　　新的通信技术为水利通信业务提供了可能。例如,在城市内涝监测中,隧道、井下等位置信号较差,可利用信号穿透性好的 NB-IOT 窄带物联网进行传输;在山区等无运营商网络覆盖的监测点,可利用北斗卫星通信实现数据可靠传输;在需要高带宽的快速视频流监控及高清视频实时回传场景,可应用 5G 通信技术。几种主要通信方式性能对比如表 6-1 所示。

表 6-1　几种主要通信方式性能对比表

项目 \ 类型	超短波	GPRS	4G	NB-IOT
通信网络	自建	公网	公网	公网
通信速率	低	中	高	中
投资成本	高	低	中	低
维护成本	高	低	低	低
通信可靠性	低	高	高	高
传输功耗	高	低	中	很低

（3）随着新能源技术的发展与水利业务的融合，更绿色更持久更方便的能源成为了粤港澳大湾区水利站点的新需求。

在传统的洪涝监测中，能源是限制水文监测站点建设的瓶颈之一，接入交流电的监测站点，存在一定的安全隐患，并可能发生由电力中断导致的监测数据缺失情况，因此目前一般采用直流供电方式。"蓄电池＋太阳能"组合可长期作为主要的站点能源供应方式，但蓄电池主要由铅酸材料组成，体积大，重量重，使用损耗高，对环境不友好，采用轻量化高容量的锂电取代传统的铅酸蓄电池，可显著提高监测站点电源的可靠性及使用寿命。结合高效的电源管理及功耗控制策略，仅依靠锂电池供电就可组成小型一体化洪涝监测设备系统，大大降低了安装维护的难度，为中心城区内涝监测快速部署提供了条件。

6.1.3　城市洪涝监测策略

（1）按流域统筹城市洪涝监测站网布设

城市洪涝的发生是以流域为单元的，不少城市河涌横跨多个行政区域，防洪排涝工程、内涝积水点分别属于不同的管理部门，各个区域之间的管理水平存在差异，监测也各自为政，缺乏流域层面的统筹规划。因此，城市洪涝监测体系建设，应与流域管理一致，跨行政区域流域应由上级水务局统筹规划布置监测设备设施。"流域树"的上下游、左右岸构成一个相互联系的有机整体，结合流域治理的需要，监测也要兼顾上下游、左右岸。应根据城市洪涝防御的各个环节，合理布设监测设施，上游主要监测蒸发、降雨、水位、流量等水文要素；中游主要监测河道过流能力、堤防安全，以及调蓄设施的运行情况；下游主要关注潮位、排水管网的水位、流量。同时，针对重要控制断面和重要保护设施更要加密布设监测设施，保障全社会的安全。

（2）既要做好"水"的监测也要做好"盆"的监测

强降雨是导致城市洪涝的主要因素，针对降雨径流等水文要素的日常观测和应急监测，大湾区所布设监测设备已经相对完善，部分水文站点数据可追溯上百年。除强降雨外，水利工程的安全和运行状态也对城市洪涝的产生和防御有着重要的影响。例如 2018 年 6 月台风"艾云尼"期间，天马河上游水库泄洪导致下游大陵 110 kV 变电站水浸，造成大面积停电；2018 年台风"山竹"期间，受海水倒灌等影响，广州市南沙二十涌溃堤近 70 m，淹没面积达 367 hm^2。因此，强降雨期间，水利工程的监测也是城市洪涝防御不可或缺的一部分。城市洪涝监测不但要做好水情监测，对常规水文要素如降雨、水位、蒸发、流量等观测到位，而且要做好工情监测，对流域中水利工程包括水库大坝的安全、闸门的起闭状态、堤防的安全、泵站的运行状态等进行充分监测。

（3）全社会都需要积极参与城市洪涝监测

城市洪涝监测目前主要由政府主导，由于资金制约，目前城市洪涝监测只能做到基本监测，无法满足企事业单位、科研机构等社会各界需求。例如广州市 2020 年"5·22"特大暴雨，增城广汽本田生产基地被淹，多台汽车受损，广州官湖、新沙地铁站严重浸水，损失巨大。在监测系统建设方面应由政府主导，重要基本站由政府建设，补充站由企事业主导建设，试验站由科研机构建设，要充分促进各建设单位之间的交流合作。同时充分发挥大湾区人口密集的优势，调动群众力量，鼓励公众利用微信、手机 App 等新媒体平台参与监测信息上报工作,提高公众参与能力,强化公众危机意识。

（4）促进洪涝监测信息共享

洪涝灾害监测数据包括雨量、水位、遥感影像等,各级部门和企事业单位根据自身需求建设了独立的监测设备和监测系统,水利部门建立了水文监测站等,气象部门建设了雨量监测站等,但各部门之间的监测数据没有实现共享,不能形成系统的监测数据体系。在国家信息化建设大背景下,由政府主导,促进政府部门内部洪涝灾害数据纵向横向共享。纵向共享实现同部门不同行政级别之间数据共享,横向共享实现不同政府部门之间数据共享。

6.2 城市洪涝预报

洪涝预报是根据前期和现时的水雨情等信息,揭示和预测洪涝发生及其变化过程的技术。粤港澳大湾区经济发达、人口密集,洪涝灾害往往会给社会造成不可估量的损失。正确及时的预报可以使工程经合理调度、有计划地采取防洪排涝措施,把损失降到最低程度,因此,洪涝预报在城市防洪排涝中起着非常重要的作用。水文预报具有漫长的历史,从经验公式到理论计算,直至今日,计算机的发展和应用使得模型成为当前洪涝预报的主要手段。作为城市洪涝预报的主要输入数据,降雨预报技术也随着科技的发展逐渐提高。本节主要介绍当前主流的城市洪涝模拟技术和降雨预报技术,并以广州市洪涝滚动预报系统的2020年两次洪涝灾害预报过程为例,向读者展示城市洪涝预报的全过程。

6.2.1 城市洪涝模拟技术

洪涝模拟是对流域发生的洪涝过程进行模拟,经由历史洪涝过程验证的洪涝模拟方法可在洪涝预报中应用。传统水文水动力模型基于坚实的物理基础和水文水动力原理,已在洪涝模拟中广泛应用。随着监测手段和监测数据的不断丰富,基于数据挖掘方法的洪涝模拟逐渐成为水文研究的热点。传统水文水动力模型建模需要完备的地形、管网资料,同时需要较为齐全的水文数据进行参数的率定,建模较复杂。数据挖掘模型是一种以数据驱动的水文预报方法,模型不受地形、管网等资料的制约。传统水文水动力模型和数据挖掘模型耦合的预报方法是进行城市洪涝预报的有效手段。

（1）传统水文水动力模型

城市洪涝模型经历了一段时间的发展,按照对主要过程模拟方法的不同,可分为以水文学方法为主的模型和以水动力学方法为主的模型两大类。

以水文学方法为主的城市洪涝模拟模型主要是经验性模型和概念性模型。其最主要的特点是,对地表产流和汇流等物理过程的描述采用经验性方法或概念性简化,对管网河道汇流的处理则多种方法并存,以动力波法居多,一般不包含二维地表汇流或者地表淹没模块。该类模型主要优势在于水文学机理明确,计算原理相对简单,不需复杂求解,模型运算速度通常较快,且由于对现实情况的概化较为粗略,其所需要资料相对简单。其主要不足在于:一方面水文模块经验性参数多,模型参数率定和验证存在较大不确定性,"异参同效"现象明显;另一方面由于没有模拟地表淹没的水动力模块,难以动态模拟地表淹没过程,包括淹没面积、淹没水深等,许多类似模型只是采用了简化的、经验化的方法给出淹没参数,这在一定程度上制约了模型在城市洪涝模拟中的应用。这类模型在城市排水规划设计、城市化水文效应分析和海绵城市规划、绿色基础设施水文模拟等研究中大量应用,主要有:SWMM 模型、Storm 模型、InfoWorksCS 模型、平原城市雨洪模型等,其中以 SWMM 模型应用最为广泛,多数具有强大的管网水流模拟功能,能较好地模拟地表产汇流和管网汇流。

以水动力学方法为主的城市洪涝模型在模拟城市水动力过程中,模拟管网和河道水流的一维水动力方法相对比较成熟,一般采用一维圣维南方程组或其简化形式。一维水动力模拟的重点在于同时实现明渠和有压管流的模拟,以及寻找更加高效精确的求解方法。模型重要特点在于,不区别地表汇流过程和管网河道溢流过程,对这两部分均采用二维水动力模拟方法,还有一些采用完全三维的水动力学模拟方法,但应用较少。此外,与以水文学方法为主的模型不同,以水动力学方法为主的模型类型较少,控制方程基本固定,即一维圣维南方程组和二维浅水方程组,因此该类方法研究的重点主要在于对特定过程(如明满流)的模拟、对水动力学方程的高效稳定求解和一二维水动力过程耦合方法。目前应用较多的主要是 MIKE 模型,此外还有 XPSWMM 模型、THU 模型等。

(2)数据挖掘模型

当前的主流内涝模型通过相应的水文或水力学公式计算在不同降雨情况下的蒸发、下渗和排水过程,扣除后得到对应的内涝积水过程,建模过程较为复杂,对基础数据如地形、高程和排水管网等要求较高。而城市区域内的内涝黑点多为小范围水浸,又由于人为活动剧烈、排水管网存在堵塞情况及实施人工排水措施等因素,内涝黑点处的下垫面属性实际上处于时常变动状态。上述原因给精细化城市内涝模拟带来了很大的困难。

随着监测手段不断丰富,内涝相关数据呈几何级数增多。基于数据挖掘方法,充分利用当前数据,建立降雨与内涝的直接关联,可极大缩短内涝模型的运行时间,并提高内涝模拟的适用性。综上,基于数据挖掘技术,通过多因子关联降雨与积水关系,可实现智能调参的针对内涝黑点的关联模型,该方法具有更广泛的适用性,也更为满足当前城市内涝模拟及预报的迫切需求。

针对传统内涝模型存在基础资料依赖性强、计算效率低和适用性差等问题,基于多因子关联的方式,建立降雨与积水的关联关系,构建城市内涝多因子关联模型,提高内涝模拟的速度与适用性。

内涝多因子关联模型搭建思路如下:基于扣除/增加地形、蒸发、下渗、排水和河道水位等因素后得到的剩余降雨量(净雨)等效于洪水淹没量,而洪水淹没量通过地形可关联积水水深的原理,选取内涝黑点位置的地形、蒸发、下渗、排水和河道水位等因子,基于水文学原理主观设置上述因子的降雨过程扣除/增加方式与取值阈值,对原降雨过程处理后得到净雨过程,再利用数据挖掘方法反推求得净雨与内涝水深拟合度最高的一组因子值,从而建立起累计净雨与对应时刻内涝水深的相关关系式。

通过地形、蒸发、下渗、排水和河道水位 5 个内涝相关因子分别提取汇流时间、汇流量、蒸发值、下渗值、排水值和河道水位值 6 个可变参数。收集内涝点的土地利用数据、排水管网数据、地形数据(汇水面积和坡度)和河道水位数据等确定因子值的取值范围。数据挖掘模型的建模流程如图 6-6 所示。

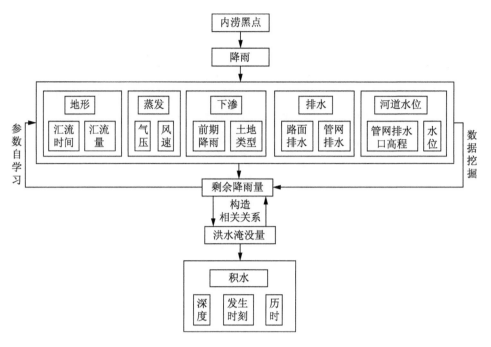

图 6-6　多因子关联内涝模型框架图

6.2.2　城市降雨预报技术

降雨是产生洪涝的直接原因,降雨预报是城市洪涝预报的重要输入。目前降雨预报方法主要包括降雨数值预报和短时临近降雨预报,降雨数值预报方法主要进行 72 小时的降雨预报,短时临近降雨预报方法主要进行未来 2 小时的降雨预报。短时临近降雨预报在内涝预报中起着极重要的作用,由于预测分辨率及时间精度要求远高于其他传统预测任务,短时临近降雨预报具有相当大的难度。

（1）降雨数值预报

数值天气预报是指根据大气实际情况,在一定的初值和边值条件下,通过大型计算机做数值计算,求解描写天气演变过程的流体力学和热力学方程组,预测未来一定时段大气运动状态和天气现象的方法。

初值和边值是指预报初始时刻对大气状态的一种定量描述,也是数值预报的条件。随着技术的进步和投入的增加,雷达、气象卫星和自动观测站成为气象预报基础数据获取的强有力工具。预报所用的方程组和大气动力学中所用的方程组相同,即由连续方程、热力学方程、水汽方程、状态方程和 3 个运动方程（即大气动力方程）所构成的方程组。方程组含有 7 个预报量（速度沿 x,y,z 三个方向的分量 u,v,w 和温度 T,气压 p,空气密度 ρ 以及比湿 q）和 7 个预报方程。目前尚不能给出该方程组的解析解,只能利用数值计算方法将该偏微分方程组离散为差分方程组,才能利用三维计算机求解数值解,而围绕这组差分方程组建立起的各种数学模型即为通常所说的数值预报模式。目前应用广泛的有 MM5 模式、WRF 模式、ETA(η)模式等。降雨数值预报流程如图 6-7 所示。

（2）短时临近降雨预报

近年来，对暴雨等强对流天气的短临预报，国内外气象学者已经开展过大量研究工作，国内外有关短临预报方法的研究已有很多成果。国外利用加密的中尺度观测及卫星、雷达资料，采用变分同化技术融入非静力中尺度模式，该技术已显示出对某些强对流天气的预报具有一定的能力。我国目前对这类天气的预报主要是根据实况观测资料做外推或根据预报员经验总结出来的强对流天气概念模型来进行。强对流天气多为中小尺度系统，而常规地面、高空探测资料的时空分辨率较低，难以及时捕捉到强对流天气的前兆信息。卫星云图尽管能反映

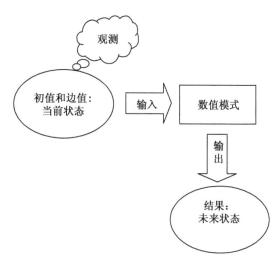

图 6-7　降雨数值预报流程图

各层次大气运动的综合状况，但由于遥感资料反演存在困难，较难在短时间内准确识别和分析各种中尺度对流系统的发生、发展和演变。多普勒雷达具有信息数据量大、强对流天气产品种类多，以及观测时次密度高的特点，可在强对流天气的预报预警方面发挥重要作用，特别在临近预报上具有较好的指示意义，是目前临近预报最有效的探测手段和最有力的预警工具。当前我国主要利用多普勒雷达实时资料和自动站降水量资料，进行融合计算，得到 2 小时暴雨预报的短临预报数据。

6.3　城市洪涝预警

城市洪涝预警是指对可能发生的城市洪涝灾害风险进行提前警示及发布，以告知民众及相关单位做好防范措施，减少人员伤亡和财产损失。

6.3.1　城市洪涝预警现状

目前主要的洪涝灾害预警发布方式包括手机短信、微信消息、互联网、电视广播等（图 6-8），以面向大众的基础性预警为主，而对于有洪涝灾害预警特殊需求的对象尚无法为其提供精细化预警。城市洪涝预警应满足不同对象主体对预警准确度、预警时间点、预警方式的实际需求，需综合运用现有的技术方法创新预警手段。

6.3.2　城市洪涝预警策略

（1）依托城市洪涝预警系统，为政府部门指挥决策提供支撑

洪涝灾害频发地区建设城市洪涝预警系统，是一种重要的洪涝灾害防治措施。城市洪涝预警系统基于实时的洪涝监测数据及预报降雨数据，实现洪涝风险滚动预报，提供 24 小时、2 小时不同时间尺度不同精度的洪涝风险预警信息，为政府部门指挥决策提供技术支撑。对于 24 小时预警，需要部署应急救灾力量，组织应急队伍，做好会商，并根据情况对风

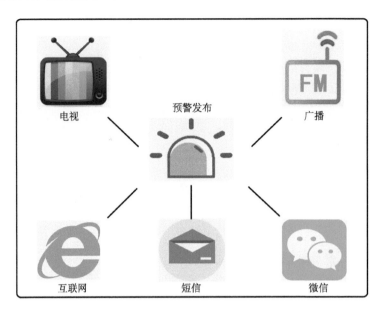

图 6-8　常见预警方式

险等级进行研判,对公众发布。对于 2 小时预警,需要安排抢险车辆提前到达布防点,随时准备开展抢险及指挥调度工作。在城市内涝预警方面,可依据内涝严重程度划分为不同等级,并对不同等级的预警信号做相应的处理操作。对内涝监测点的预警,政府部门可对内涝整体形势做评判,集中抢险力量对内涝点进行抢险调度,提升内涝应急处置的效率。城市洪涝预警系统如图 6-9 所示。

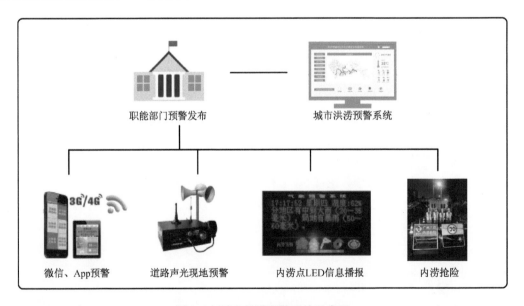

图 6-9　城市洪涝预警系统示意图

(2)引入内涝预警精细化服务,为企事业单位避灾减灾提供指导

大湾区经济发达,滨江临海,大量企事业单位面临着洪涝风险,图 6-10 显示了广州大

型企业受灾情况。为了提高对洪涝灾害的应急响应能力,避免人员伤亡和减少财产损失,可结合自身业务需求,在适当位置布设洪涝监测设备,通过城市洪涝预警服务避灾减灾。当产生预警时,通过不同方式发布预警,如利用微信公众号或 App 等方式,及时启动相关预案,有效进行避灾减灾,减少人员财产损失,并根据情况向政府部门上报,请求援助。通过企事业单位配套内涝预警服务,可提升企事业单位的内涝应急能力,减少损失。例如,给电网公司的变电站、配电房等涉电设施布设监测设备,当内涝预警信号发生时,值班人员可快速通知本单位上级管理部门进行应急处理,以免涉电设施受淹损坏。对汽车制造公司,通过引入内涝预警定制化服务,当内涝预警信号发生时可争取更多时间将车辆转移至安全地方,掌握主动权。

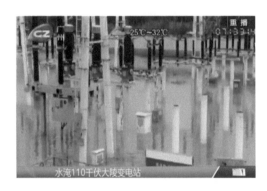

图 6-10 广州大型企业遭受洪涝灾害图

（3）创新洪涝预警社会化服务,为民众出行提供参考

城市洪涝灾害发生时,一些低洼地段和隧道存在较大的安全隐患,对公众的人身财产造成极大威胁。例如 2019 年 4 月 11 日晚,深圳市瞬时强降雨引发洪水,造成福田区 4 名河道施工人员被冲走;广州市 2020 年"5·22"特大暴雨,造成 2 人在隧道溺亡。城市内涝实时监测预警预报系统应实时掌握低洼路段的积水状况,并借助广播、电视、短信、微信等途径为广大群众提供出行指南,避免人员、车辆误入深水路段造成重大损失。

城市洪涝实时监测预警服务可通过第三方导航软件为出行车辆提供安全的线路规划,当水位超过警戒水位或积水超过一定深度时,积水信息通过第三方导航软件向车辆行人发布,引导车辆绕开积水路段。图 6-11 显示了手机导航软件提示积水消息的方式。

在隧道、桥涵等容易产生内涝积水的场合,

图 6-11 手机导航软件提示积水消息

安装现场警示屏、声光报警器等设备,提示当前积水深度和危险程度,提醒车辆行人绕行,避免出现人员伤亡。部分危险路段,可现场安装智能路闸系统,当积水深度达到危险程度时,自动启动路闸,禁止车辆通行。图 6-12 为广州市开源隧道防涝智能拦截系统。

图 6-12　广州市开源隧道防涝智能拦截系统

6.4　广州市洪涝滚动预报系统实践

广州市地处珠江三角洲地区,常年高温多雨,河网密布,是自然灾害的高敏感区和脆弱区。广州市有 11 个行政区、九大流域、105 个排涝片区,建有排涝水闸 1 053 座,泵站 713 座,水库 361 座,湖泊 8 宗,河涌 1 368 条,山塘(坑塘)732 块。水利排涝工程初步建成以水闸、河涌为骨干,涵洞、渠涌、塘和电排站相配套,比较完整的排涝体系,暴雨期间雨水通过雨水管网汇集至大大小小的河涌,再通过排涝水闸或排涝站排至外江。虽然广州市已基本建成蓄排结合的排涝体系,内涝防治基本可有效应对 10~20 年一遇的暴雨,但由于新规范防涝标准的提高、极端天气造成的潮位抬高以及城市发展对防洪排涝提出的新要求,局部防洪排涝体系仍存在如下短板:(1)城市化进程加快加剧城市洪涝;(2)流域调蓄能力不足,加剧防洪排涝压力;(3)排涝设施陈旧,排水管网标准偏低,排水能力不足。

统计内涝积水数据得知,2020 年广州市共发生产生 20 cm 以上积水的内涝事件 42 件,其中"5·22"暴雨洪涝事件共产生 443 个内涝点,最

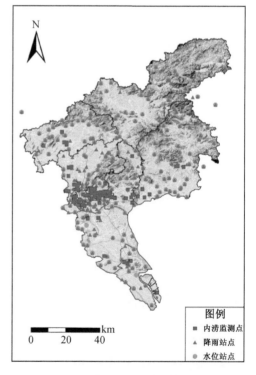

图 6-13　研究区概况图

图例
■ 内涝监测点
▲ 降雨站点
● 水位站点

大内涝水深达 324 cm。为防治洪涝灾害,搭建广州市洪涝滚动预报系统平台,平台集成内涝积水数据、实测降雨数据、预报降雨数据和河涌水位数据等,通过耦合多模型进行洪涝模拟计算,实现城市洪涝的预警、预报、历史事件模拟及分析等功能。研究区概况如图 6-13。

6.4.1　城市洪涝监测

针对城市内涝点的实际环境特点,采用小型一体化的物联网电子水尺作为内涝点积水监测设备,如图 6-14 所示。其内部集成测量、传输及电源管理单元,具有体积小、功耗低、免维护、使用寿命长等优势,适用于城市道路、涵隧等安装空间受限的典型场景,可实现内涝积水快速响应。

针对内涝点严重程度的不同,设计了三种部署方式,第一种是内置天线方式,适用于监测最大积水深度小于 30 cm 的路面积水,安装最为灵活;第二种是外置延长天线方式,适用于监测最大积水深度大于 30 cm 的下穿地道、涵隧等的内涝积水;第三种是分体式 LoRa 方式,适用于监测积水深度大于 30 cm 且难以固定外延天线场合的内涝积水。

（1）内置天线方式

内置天线方式针对开阔地面等场合进行内涝积水监测,对设备的外观要求较高,既不能影响交通,也不能破坏路面,且一般无墙体等固定物,适宜将监测设备安装在马路路沿。此种方式一般用于积水严重程度较轻的内涝点,直接选取地势低点附近的路沿固定安装即可。图 6-15 为内置天线安装实物图。

图 6-14　一体化内涝监测设备典型样式图

图 6-15　内置天线安装实物图

（2）外置延长天线方式

外置延长天线的长度根据历史淹没水深及墙体的高度而定。外置天线采用贴片式,同时对外置天线加上保护线槽。采用外延天线是数据传输实时性保障度最高的一种方式。图 6-16 为外置天线安装实物图。

图 6-16 外置天线安装实物图

（3）分体式 LoRa 方式

对于积水较严重且不便安装外置天线的监测点（最大积水水深＞30 cm），采用分体式 LoRa 方式，在水下仍能可靠传输，通常安装于路沿及高处。路沿设备淹没后先通过局域 LoRa 网络将数据传输到高处的路由设备，然后路由设备再利用 NB-IoT 网络传输至数据接收平台。图 6-17 为分体式 LoRa 安装实物图。

图 6-18 显示了广州"8·26"暴雨时天河区沐陂中路隧道内涝积水的监测数据。

图 6-17 分体式 LoRa 安装实物图

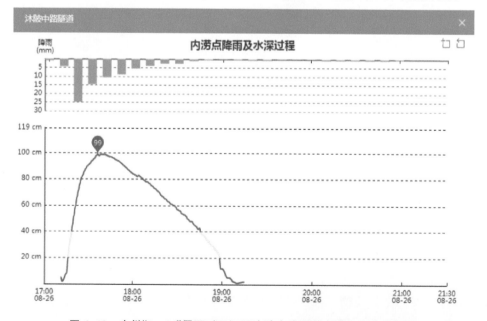

图 6-18 广州"8·26"暴雨时天河区沐陂中路隧道内涝积水监测数据

6.4.2　城市洪涝预报

　　系统通过耦合多模型及预报降雨数据开展城市洪涝预报模拟。考虑到洪涝模型的二次开发及耦合需求,本系统选取 SWMM 模型作为传统洪涝模型开展建模,数据挖掘模型选用珠科院自主研发的多因子数据挖掘模型进行建模。

　　对广州市中心城区流域猎德涌流域开展 SWMM 模型建模,精细化地模拟管网液位、流速及地表溢流。使用多因子关联模型对广州市内现有内涝监测点进行建模。基于系统平台的城市洪涝预报流程如图 6-19。

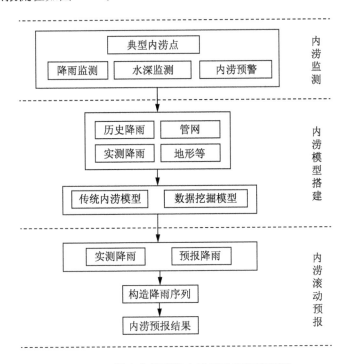

图 6-19　耦合多模型的内涝滚动预报流程图

　　统计现有监测站点的历史洪涝数据,共计有 42 个站点发生过 2 次或以上积水超过 20 cm 的洪涝事件,基于历史数据对这 42 个站点分别进行洪涝模型建模及参数率定,使用这 42 个站点最后发生且未参与参数率定的洪涝事件做洪涝模拟,对比积水超过 20 cm 的洪涝事件,平均误差为 11.7%。

6.4.3　城市洪涝预警

　　城市洪涝风险主要依据积水深度对通行及人民财产的危害进行划分,按照《广州市防洪防涝系统建设标准指引》规定及日常管理

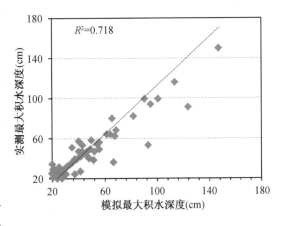

**图 6-20　现有站点所有洪涝事件最大
积水深度模拟值与实测值对比图**

的实际需求,系统按照道路积水深度将洪涝风险划分为无风险(绿)、低风险(蓝)、中风险(黄)和高风险(红)四个等级。当暴雨来临时,通过耦合预报降雨数据和实测降雨数据,利用系统集成的模型开展洪涝预报,将实测和预报结果通过系统平台展示,通过手机 App 和短信发送等形式进行洪涝预警。其中系统平台上的洪涝预警为实时预警,当风险变更(增大或减小)时在手机 App 和短信端进行预警,如图 6-21 和图 6-22 所示。

图 6-21 广州"8·26"暴雨时系统平台洪涝预警

图 6-22 广州"8·26"暴雨时智能手机 App 及手机短信洪涝预警

6.4.4　城市历史洪涝事件分析

（1）2020年广州"5·22"暴雨洪涝事件：5月21日夜间到22日早晨，广州市普降大暴雨，局部特大暴雨，本次降雨具有强度大、范围广、面雨量大的特点。其中黄埔区珠江街录得全市最大小时雨量167.8 mm，超百年一遇，3小时最大降水量288.5 mm，1小时和3小时雨量均破黄埔区历史极值。受强降雨影响，市区多处发生内涝，广园路沿线内涝积水严重，大量车辆被泡。

珠科院自主研发的洪涝积水风险滚动预测服务于5月22日0点15分开始启动，根据实测及短临预报降雨对广州市的洪涝风险进行预测，于2点02分发布了洪涝风险提示信息，对天寿路、丰乐北路等多个内涝积水点进行了洪涝风险预报，于3点25分发布了实时积水预警信息，对广园路沿线奥体路、汇景新城路口、天寿路隧道、食博会、开创大道等积水超过20 cm的积水点进行了及时预警。系统预报成果如表6-2，图6-23所示。

表6-2　广州"5·22"暴雨内涝积水预报成果表

内涝风险点	预报启动时间	实测累计雨量（mm）	预报2 h降雨量（mm）	预报最大水深（cm）	预报最大水深时刻	实测最大积水深度（cm）
广园路转奥体路段	1:30	12	12	3	3:00	83（22日3点25分）
	2:00	26	11	16	3:40	
	2:30	41	10	32	4:30	
	3:00	45	13	46	4:40	
丰乐北路转广园路隧道	2:00	38	13	32	2:00	151（22日4点25分）
	2:30	55	12	56	2:20	
	3:00	55	6	51	3:00	
	3:30	85	3	100	3:30	
	4:00	121	3	144	4:00	

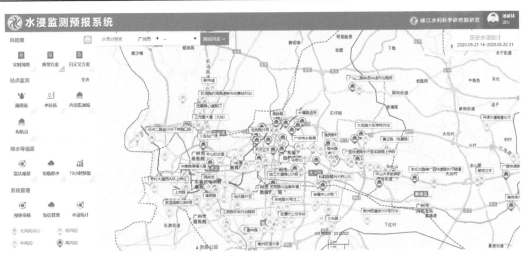

图6-23　"5·22"暴雨时广州洪涝积水情况分布图

（2）2020年广州"8·26"暴雨洪涝事件：8月26日下午到夜间，广州市普降大暴雨，其中越秀区、天河区、黄浦区特大暴雨。其中天河区天河立交站录得全市最大小时雨量96.1 mm，超10年一遇。受强降雨影响，市区多处发生水浸，天河立交、天寿路隧道、燕岭路等地积水严重，严重阻碍车辆通行。

内涝积水风险滚动预测服务于8月26日17点10分开始启动，根据实测及短临预报降雨对广州市的内涝点进行风险预测，在洪涝滚动预报系统平台上实时更新洪涝风险信息，对天河立交、天寿路隧道、东莞庄路、燕岭路、长福路等积水超过20 cm的积水点进行了及时预警。系统预报成果如图6-24和图6-25所示。

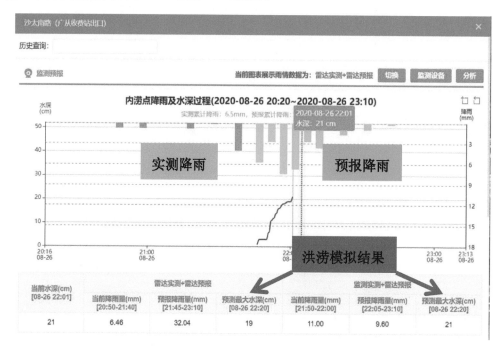

图6-24 "8·26"暴雨时广州沙太南路内涝积水滚动预报图

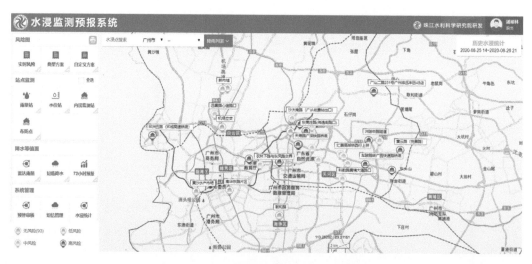

图6-25 "8·26"暴雨时广州内涝积水情况分布图

参考文献

［1］粤港澳大湾区年鉴编纂委员会. 粤港澳大湾区年鉴［M］. 北京：方志出版社，2019.

［2］水利部珠江水利委员会. 珠江流域综合规划（2012—2030 年）［R］. 广州，2013.

［3］水利部珠江水利委员会. 珠江流域防洪规划［R］. 广州，2007.

［4］水利部珠江水利委员会. 珠江河口综合治理规划［R］. 广州，2010.

［5］何治波. 珠江流域片水库防洪现状与洪水调度面临的问题［J］. 人民珠江，2003(4)：27-28＋42.

［6］李原园，文康，沈福新. 变化环境下的洪水风险管理研究［M］. 北京：中国水利水电出版社，2013.

［7］IPCC (Intergovernmental Panel on Climate Change). Climate Change 2014：Synthesis Report［R］.
Geneva，Switzerland，2014.

［8］MUIS S，VERLAAN M，WINSEMIUS H C，et al. A global reanalysis of storm surges and extreme
sea levels［J］. Nature Communications，2016，7(1)：11969.

［9］HALLEGATTE S，GREEN C，NICHOLLS R J，et al. Future flood losses in major coastal cities［J］.
Nature Climate Change，2013，3：802-806.

［10］MEI W，XIE S P. Intensification of landfalling typhoons over the northwest Pacific since the late
1970s［J］. Nature Geoscience，2016，9(10)：753-759.

［11］谌晓东. 珠江三角洲堤防、护岸设计中选择亲水平台高程需考虑的几个因素［J］. 广东水利水电，
2005(2)：66-67.

［12］黄镇国，张伟强，吴厚水，等. 珠江三角洲 2030 年海平面上升幅度预测及防御方略［J］. 中国科学：
地球科学，2000，30(2)：202-208.

［13］黄镇国，张伟强，赖冠文，等. 珠江三角洲海平面上升对堤围防御能力的影响［J］. 地理学报，1999，
54(6)：518-525

［14］WU S H，FENG A Q，GAO J B，et al. 2016. Shortening the recurrence periods of extreme water lev-
els under future sea-level rise［J］. Stochastic Environmental Research and Risk Assessment，2017，31
(10)：2573-2584.

［15］住房城乡建设部. 海绵城市建设技术指南［Z］. 北京：中华人民共和国住房和城乡建设部，2014.

［16］陈文龙，夏军. 广州"5·22"城市洪涝成因及对策［J］. 中国水利，2020(13)：4-7.

［17］唐金忠. 城市内涝治理方略［M］. 北京：中国水利水电出版社，2016.

［18］HU X Z，SONG L X. Hydrodynamic modeling of flash flood in mountain watersheds based on high-performance GPU computing[J]. Natural Hazards, 2018, 91(4): 567-586.

[19] 陈文龙,宋利祥,邢领航,等. 一维-二维耦合的防洪保护区洪水演进数学模型[J]. 水科学进展, 2014, 25(6): 848-855.

[20] 宋利祥,徐宗学. 城市暴雨内涝水文水动力耦合模型研究进展[J]. 北京师范大学学报(自然科学版), 2019, 55(5): 581-587.

[21] 徐宗学,陈浩,任梅芳,程涛. 中国城市洪涝致灾机理与风险评估研究进展[J]. 水科学进展, 2020, 31 (5): 713-724.

[22] 徐宗学,程涛,任梅芳. "城市看海"何时休——兼论海绵城市功能与作用[J]. 中国防汛抗旱, 2017, 27(5): 64-66+95.

[23] 赵刚,史蓉,庞博,等. 快速城市化对产汇流影响的研究:以凉水河流域为例[J]. 水力发电学报, 2016, 35(5): 55-64.

[24] 岑国平,沈晋,范荣生. 城市设计暴雨雨型研究 [J]. 水科学进展, 1998(1): 41-46.

[25] 俞露,荆燕燕,许拯民. 辅助排水防涝规划编制的设计降雨雨型研究[J]. 中国给水排水, 2015, 31(19): 141-145.

[26] 王浩. 城市洪涝模型构建[J]. 中国防汛抗旱, 2018, 28(2):2-3.

[27] 杨跃,覃朝东,陈伟昌,等. 一种智慧型山洪灾害村级预警系统设计与实现[J]. 人民珠江, 2017, 38 (4): 74-77.